Evernote
Beginner's
Guidebook

Mac、iPhone、iPadユーザーのためのこれだけでかなりEvernoteが使える本

向井領治
Ryoji Mukai
［著］

Rutles

Macintosh、iPhone、iPad はApple Computer, Inc.の各国での商標もしくは登録商標です。
EvernoteはEvernote Corporation の各国での商標もしくは登録商標です。
その他本書に記載されている会社名、製品名は、各社の登録商標または商標です。

はじめに

本書は、MacやiPhone・iPadで、これからEvernoteを使い始めようと考えている方のための入門書です。

Evernoteは、毎日の仕事や生活で必要なノートを、MacやiPhone・iPadを使って手軽に記録・蓄積できるサービスです。「あの店でおいしいメニューは、アレとコレ」というようなちょっとした覚え書きから、業務日誌、本格的な調査・研究の記録まで、幅広く利用できます。何万ものノートがあっても瞬時に検索できるので、雑多な覚え書きから確実に書き留めておくべきことまで、1か所にまとめて記録できます。筆者自身、飼い猫の健康診断結果から仕事の下調べまで、うろ覚えにしたくないことはなんでもEvernoteに収めています。

しかし、Evernoteの名前と評判は比較的多くの方に知られているようですが、実際に使ってみようとするときっかけがなく、インストールしてそのままになっていることが少なくないようです。

また、Evernoteは盛んに新しい機能を追加し、見た目や使い勝手も常に変更しています。使い慣れた方にとっては細かな改善が頻繁に行われていると言えますが、これから始める方には取っつきにくい原因にもなっているようです。

とはいえ、Evernoteの中心となる機能は決して多くなく、仕組みもシンプルです。そこで本書では、すべての機能を網羅するのではなく、誰もが使う重要な機能をしっかりとフォローすることを第一に考えました。本書で紹介したことだけ知っていれば十分役立ちますし、将来に見た目や機能が多少変わっても迷うことなく使い続けられるでしょう。

本書が、Evernoteを使い始めるきっかけになれば幸いです。

2016年11月　向井領治

第1章　クイックツアー

- **1-1**　Evernoteでノートを取る——8
- **1-2**　Evernoteでノートを探す——10
- **1-3**　どんな目的に向いている?——12
- **1-4**　類似サービスとの違い——14

第2章　準備をしよう

- **2-1**　必要なものは3つ——16
- **2-2**　Macで準備をする——18
- **2-3**　iPhoneで準備をする——24
- **2-4**　iPadで準備をする——33
- **2-5**　Webから使う——36
- **2-6**　有料プランの利点——41
- **2-7**　有料プランへ切り替える——48

第3章　Evernoteを始めよう

- **3-1**　ノートとノートブック——56
- **3-2**　クラウドとオフライン——61
- **3-3**　Mac版の基本操作——65
- **3-4**　iPhone版の基本画面——76

第4章　Macでノートを取ろう

- **4-1** ウインドウを操作する──96
- **4-2** 文章に書式を設定する──104
- **4-3** 音声を録音する──123
- **4-4** 写真を撮影する──127
- **4-5** ファイルを添付する──130
- **4-6** Googleドライブから添付する──137
- **4-7** ノート情報の編集──143
- **4-8** リマインダーを設定する──146
- **4-9** ノートを削除する──154

第5章　Macでもっとノートを取ろう

- **5-1** Webページを取り込む──158
- **5-2** ノート作成の専用機能を使う──182
- **5-3** メールでノートを取る──187

第6章　Macでノートを整理・検索しよう

- **6-1** ノートブックを整理する——192
- **6-2** タグでノートを整理する——212
- **6-3** ノートを操作する——223
- **6-4** 検索する——229

第7章　iPhone・iPadでノートを取ろう

- **7-1** iPhone版公式アプリの概略——242
- **7-2** iPad版公式アプリの概略——251
- **7-3** iPhone・iPad特有の手順——256
- **7-4** 別売アプリを活用する——278

第8章　基本の一歩先へ

- **8-1** よく使うものへすぐアクセス——286
- **8-2** iPhone・iPadの撮影機能——291
- **8-3** ノート本文の語句にパスワードを設定する——297
- **8-4** 画像やPDFに注釈を描き込む——304
- **8-5** 高画質でスキャンする——309
- **8-6** 自動的にノートを作成する——312
- **8-7** 他のユーザにノートを見てもらう——314

索引——333

【第章】

Evernote Guidebook

クイックツアー

「Evernote」は、
電子端末で読み書きするノートです。
Evernoteを使うメリットを
簡単に紹介します。

【第1章】クイックツアー

Evernoteでノートを取る

Evernoteで
ノートを取るメリット
について紹介します。

● 文章、写真、音声、Macで作ったファイル……。記録の形式によって保存場所がバラバラになってしまう

　➡Evernoteのノートには、文章はもちろん、写真や音声も記録できます。Macで作成したExcelのファイルや、インターネットからダウンロードしたPDFを添付することもできます。1つのノートにそれらを混在できるので、形式を意識する必要はありません。

● オフィスや自宅だけでなく、外出先でもサッとノートを取りたい

　➡Mac、iPhone、iPadのいずれからでもノートが取れます。とくにiPhoneにはマイクやカメラもついているので写真や音声もすぐに記録できますし、GPSで位置情報も自動的につけられます。

● デジタルでは、急ぎのメモや自由な書式のノートを取るのは面倒

　➡デジタルと紙の長所を生かしあいましょう。Evernoteにかぎらず、広々と自由にノートを書くにはデジタルよりも紙のほうが向いています。しかし、紙に書いたノートを撮影してEvernoteへ取り込めば、紛失を防げますし、管理もしやすくなります。書類を撮影するための機能もついています。

● デジタルよりも、紙の資料の管理に困っている

　➡カメラやスキャナを使って、紙の資料をEvernoteへ取り込みましょう。画像に直接描き込むこともできるので、言葉では説明しにくい地図や写真も活用できます。

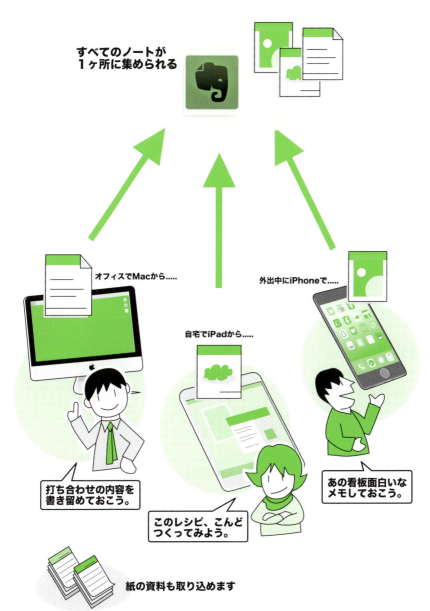

【第1章】クイックツアー
Evernoteでノートを探す

Evernoteで
ノートを探すメリット
について紹介します。

●書いたはずのノートをいつもなくしてしまう

➡すべてのノートはインターネット上（クラウド）に保存されます。すべての覚え書きをEvernoteへまとめれば、取ったはずのノートを探し回ることはありません。

●ノートを取っても、あとの整理が面倒

➡何万件のノートがあっても、デジタルなら瞬時に検索できます。整理するほうが理想的ですが、必ずしも徹底しなくてもかまいません。とにかく記録さえあれば、検索すればたいてい見つかります。分類よりも検索を活用しましょう。

●オフィスや自宅だけでなく、外出先でもサッとノートを見つけたい

➡Mac、iPhone、iPadのいずれからでも、同じノートを取り出せます。検索するときは、キーワードだけでなく、作成日やタグ、地図を使った位置情報も使えます。紙の資料を取り込んでおけば、外出先からでもノートを取り出せます。

●「あの件、どうだっけ?」って人に聞かれるのが面倒

➡指定した相手とノートを共有できます。互いに同じノートを読み書きできるので、チームでの資料集めや進行状況の確認に役立ちます。

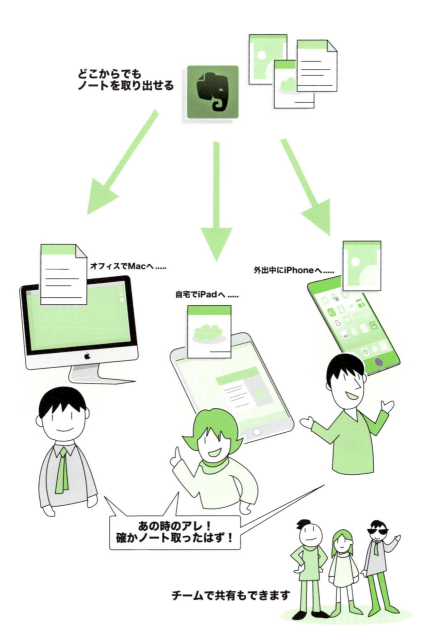

【第1章】クイックツアー

どんな目的に向いている?

Evernoteは、
「ファイル未満」のあらゆる情報の
容器になります。

▼　▼　▼　▼　▼　▼

　Evernoteは、「ファイルを作って管理するほどではないものの、あとから必要になりそうな、断片的な情報」を、すばやく記録し、手軽に取り出す用途に向いています。Evernote自身の仕組みはとてもシンプルですので、仕事や学業、生活、趣味など、ジャンルを問わず利用できます。

　具体的には、1つめには、既存の資料のスクラップです。たとえば、Webで見つけた気になるニュースやレシピ、観光名所やグルメスポットのアクセス方法、学校や地域のプリント、バスの時刻表、健康診断の結果などです。その場で書き留めておけば、必要になったときにあらためて調べ直す手間がなくなります。

　2つめは、日々の小さな記録です。たとえば、出張や旅行の記録、外回りの仕事の日誌作り、電話の覚え書き、ペットやガーデニングの育成記録などです。iPhoneで画面を撮影してメモ代わりにしているなら、その記録先をEvernoteにしてみてください。コメントを加えれば、立派な資料として役立ちます。

　3つめは、将来のための覚え書きです。まだ形になっていないアイデア、買物リスト、出張や旅行の計画などです。頭の中だけで覚えていると消えてしまうこともありますが、ノートに記録しておけば忘れることもありませんし、新しいことに気づくきっかけにもなります。もちろんいつでも書き換えられます。

　これらのすべてを一か所に蓄積し、いつでもどこでも読み書きできる。それがEvernoteです。

　紙のノートと同じように、Evernoteの使い方も人それぞれです。自分だけの使い方を探るには、さまざまな職種の事例やテクニックが紹介されている「Evernote公式ブログ」(https://blog.evernote.com/jp/)の記事をおすすめします。

Evernoteはこんな目的に最適!

既存の資料のスクラップに

- Webのニュースやレシピ
- 学校や地域のプリント
- 健康診断の結果
- 仕事や自治会の議事録
- 車検証や保険証書の写し

日々の小さな記録に

- 得意先へ訪問したとき話題になったこと
- 仕事の打ち合わせ内容
- 電話で頼まれた伝言の内容
- ペットやガーデニングの育成記録
- 交通費や外食の支出

将来のための覚え書きに

- 仕事や生活のアイデア
- 週末の買物リスト
- 行ってみたい観光・グルメスポット
- 年賀状やお歳暮をあげた人のリスト
- 通販ショップのクーポン番号と使用期限

【第1章】クイックツアー
1-4 類似サービスとの違い

競合するサービスと比べたときの特長を紹介します。

　Evernoteと似たようなサービスとして、マイクロソフトの「OneNote」、グーグルの「Keep」があげられますが、Evernoteには次のような特長があります。

・**対応する端末の種類が多い**：本書で紹介するMac、iPhone・iPadのほかに、Windows、Windows Phone、Android、Kindle Fireシリーズにも対応します。職場と自宅で使い分けていたり、将来これらの端末へ乗り換えても、過去のノートを引き続き利用できます。

・**単機能の別売アプリが多い**：Evernote社自身が配布する公式アプリ以外にも、世界中の開発者が特定の機能に特化したアプリを発売しています。より少ない手順で目的を実現できるため、ノートを作成・整理する手間を減らせます。

・**ノートの累計量に制限がない**：Evernoteでは累計のデータ容量に制限がないため、どれほどノートが増えても料金は一定です（ただし、料金は改定されることがあります。また、1か月間に作成できるノートの量には上限がありますが、プレミアムプランを契約すれば一般的な使い方ではまず使い切れません）。一方、競合サービスでは、サービスそのものは無料ですが、各社のストレージサービスを使うため、無料で利用できる累計量には上限があり、ノートを蓄積してデータ量が増えるに従って料金も高くなります。

　ほかにも細かな違いはありますが、シンプルな覚え書きを素早く記録し、後日どこからでも引き出して活用することが得意です。

【第2章】

Evernote Guidebook

準備をしよう

Evernoteを使うために
必要なものをそろえましょう。
あわせて、長期にわたる利用を前提にした
有料プランの利点と、
お得な買い方についても紹介します。

【第2章】準備をしよう

必要なものは3つ

最初に
必要なものを
そろえましょう。

Evernoteを使い始めるにあたって必要なものは、次の3つです。

1）**Evernote社自身が配布するアプリのインストール**：自分のノートを読み書きするにはさまざまな方法がありますが、まずはEvernote社自身が配布する専用のアプリを使いましょう（以降、本書では「公式アプリ」と呼びます）。公式アプリは無料です。

2）**専用アカウントの作成**：アカウントとは、ここではEvernoteのサービスを使うための会員登録のことです。アカウントの作成と維持に料金はかかりません。自分のメールアドレスを登録するだけで、すぐに作成できます。

3）**利用するプランの選択**：Evernoteを使うには、3つのプランから選びます。最初は、基本的な機能に限定した、無料の「ベーシック」から始めましょう。自分で有料のプランへ切り替えないかぎり、料金はかかりません。期限はないので、じっくり試してください。ただし、本格的な利用には有料プランへの切り替えをおすすめします。

▶▶▶ 2.1.1
Macで始めるのがおすすめ

準備は、Mac、iPhone・iPadのいずれで行ってもかまいません。ただし、画面が広くて機能が分かりやすいので、Macで始めることをおすすめします。

本書では原則として、最初はMacでの手順を紹介し、次にiPhoneでの手順を紹介します。iPadでの手順はiPhoneとよく似ているので、特に注意すべき点のみを紹介します。

なお、ベーシックプランでは合計2台までの端末で利用できます。Macを2台でも、MacとiPhone、MacとiPadなどでも、組み合わせは自由ですが、1台はMacにすることをおすすめします。

▶▶▶ 2.1.2
アカウントは1つ

　アプリをインストールして起動すると、最初にアカウントの作成を求める表示が現れます。ただし、アカウントを一度作成したら、特に必要がないかぎり追加作成しないでください。

　一度アカウントを作成した後にほかの端末から使うときは、最初に作成したアカウントを使って「サインイン」します。サインインとは、登録済みの会員であることを示してサービスを使い始める、本人確認のための操作のことです。画面によっては「ログイン」とも表示されますが、同じ意味です。

●自分のノートを読み書きするには、すべての端末で同じアカウントを使ってサインインする

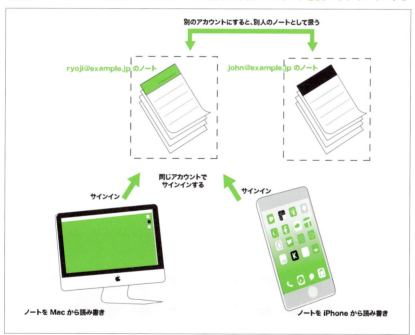

💡 TIPS

登録するメールアドレスを変えると、仕事用と個人用など、意図的に複数のアカウントを作って使い分けることもできます。ただし、アカウントを別々にすると互いに別人として扱われるため、書きためたノートはアカウントごとに分けて管理されます。また、有料プランの契約もアカウントごとに必要です。

【第2章】準備をしよう
Macで準備をする

Macで
準備をする
手順を紹介します

　Macで使い始める方は、以下の手順で準備をしてください。すでにほかの端末でアカウントを作成した方は、アカウントを作成する代わりにサインインをしてください。

　iPhoneで使い始める方は2-3「iPhoneで準備をする」、iPadで使い始める方は2-4「iPadで準備をする」へ進んでください。なお、状況によっては手順が前後することがあります。

Step 1　Macを起動し、Appleメニュー（画面左上のAppleロゴ）から［App Store...］を選びます。

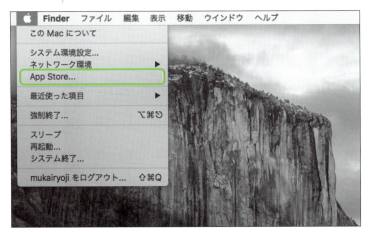

Step 2 「App Store」が起動したら、ウインドウ右上の検索欄に「evernote」と入力してからreturnキーを押します。

Step 3 名前が「Evernote」で、アイコンが緑色のゾウのものをクリックします。これが公式アプリのアイコンです。

Step 4 アイコンの下にある［入手］ボタンをクリックして、入手とインストールを行います。Apple IDとパスワードをたずねられたら、表示に従って入力してください。

　このボタンは、過去に一度入手したもののアプリを削除したときは［インストール］、入手してインストールしたもののバージョンが古いときは［アップデート］と表示されます。どちらの場合もボタンをクリックして実行してください。

　［開く］と表示されているときは最新版がインストールされているので、そのまま次のステップへ進んでください。

もしもボタンに値段が表示されているときは、それは公式のアプリではありません。もう一度検索してアイコンを確かめてください。

なお、「App内課金が有ります」と表示されているのは、有料プランのことです。

Step 5 ボタンの表示が[開く]に変わったら、インストールは完了です。クリックしてアプリを開きます。

以後にアプリを開くときは、「アプリ」フォルダを開いて「Evernote」のアイコンをダブルクリックする、Launchpadを使う、Dockに登録してアイコンをクリックするなど、一般的な方法を使ってください。

Step 6 アプリを最初に開いたときは、アカウント作成の画面が表示されます。これから新しくアカウントを作成するには、表示に従って、自分のメールアドレスと、自分で決めたパスワードを入力します。パスワードは忘れないよう、適切な場所に控えておいてください。

すでにアカウントを作成した（自分のアカウントを持っている）ときは、「サインイン」の見出しをクリックして入力欄を開き、表示に従ってメールアドレスとパスワードを入力します。

もしもパスワードを忘れたときは、「パスワードを忘れたら」の見出しをクリックして、表示に従って操作してください。

Step 7 メールアドレスとパスワードの両方を入力すると、すぐ下にある[登録]ボタンが灰色から黒色に変わり、実行できる状態になったことを示します。[登録]ボタンをクリックして登録してください。

［登録］ボタンをクリックすると、何の確認もなくすぐに登録が行われます。メールアドレスやパスワードを打ち間違えていると、最悪の場合は二度とサインインできなくなってしまいます。よく確認して入力してください。

アカウントの作成またはサインインに失敗するとメッセージが表示されます。内容をよく確かめて、やり直してください。

Step 8 「"Evernote"から"連絡先"にアクセスしようとしています」というダイアログが表示されたときは、最初は［許可しない］ボタンをクリックしてください。

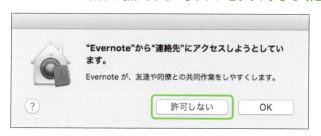

Evernoteにはノートをほかのユーザーと共有する機能がありますが、相手の連絡先を入力しやすくするために、「連絡先」アプリに登録した名簿を利用できます。ただし、この設定は後から変えられるので、いま許可する必要はありません。共有機能については8-7「他のユーザにノートを見てもらう」で紹介します。

Step 9 次の図のような表示が現れたら、[ベーシック版を選択]ボタンをクリックしてください。これはEvernoteのプランを選ぶものです。

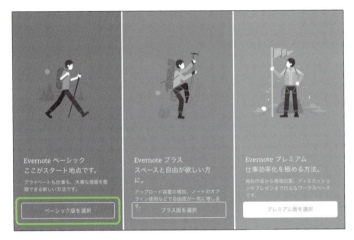

プランの違いについては2-6「有料プランの利点」で紹介します。

Step 10 ボタンが[無料]に変わったらもう一度クリックします。

Step **11** 「Evernoteベーシックを選択しました」という確認画面が表示されたら[OK]ボタンをクリックします。

Step **12** 次のような画面が表示されます。
これがMac版公式アプリの基本画面です。

Step **13** 利用を終えるには、[Evernote]→[Evernoteを終了]を選んでアプリを終了します。終了前にノートを同期するため、状況によっては少し時間がかかることがあります。

【第2章】準備をしよう

iPhoneで準備をする

iPhoneで
準備をする
手順を紹介します。

▼ ▼ ▼ ▼ ▼ ▼ ▼

　iPhoneで使い始める方は、以下の手順で準備をしてください。すでにほかの端末でアカウントを作成した方は、アカウントを作成する代わりにサインインをしてください。なお、状況によっては手順が前後することがあります。

Step 1 | iPhoneを起動してアプリのアイコンが並ぶホーム画面へ移動し、「App Store」のアイコンを探してタップしてください。

Step 2 画面下端にある[検索]をタップします。

Step 3 「evernote」と入力して、[Search]キーをタップします。

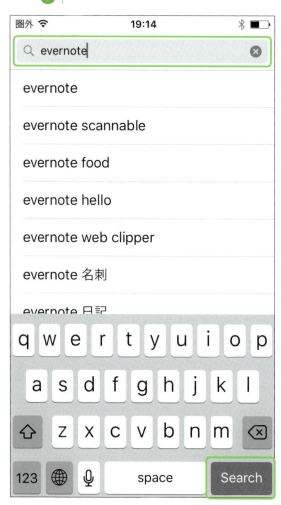

Step **4** 名前が「Evernote」で、アイコンが緑色のゾウのものをタップします。開発者名が「Evernote」であることも確かめてください（開発者名は、アプリ名の下にあります）。

「App内課金有り」と表示されているのは、有料プランのことです。

Step 5 アイコンのそばにある[入手]ボタンをタップして、入手とインストールを行います。Apple IDとパスワードをたずねられたら、表示に従って入力してください。

　このボタンの場所には、過去に一度入手したもののアプリを削除したときは下向きの矢印がついた雲のアイコンが、入手してインストールしたもののバージョンが古いときは[アップデート]と表示されます。どちらの場合もアイコンまたはボタンをタップして実行してください。

　[開く]と表示されていたら、最新版がインストールされているので、次のステップへ進んでください。

　もしもここに値段が表示されているときは、それは公式のアプリではありません。もう一度検索して開発者名を確かめてください。

Step **6** ボタンの名前が[開く]に変わったら、インストールは完了です。
タップしてアプリを開きます。

　以後にアプリを開くときは、ホーム画面のアイコンをタップするなど、一般的な方法を使ってください。

Step **7** 最初に開いたときは、最初に簡単な紹介が表示されます。
何度か左方向へスワイプして読み進めてください。

Step 8

最後の画面まで進むと、アカウント作成の案内が表示されます。
これから新しくアカウントを作成するには、表示に従って、
自分のメールアドレスと、自分で決めたパスワードを入力し、
［アカウントを作成］のボタンをタップします。
パスワードは忘れないよう、適切な場所に控えておいてください。

　［アカウントを作成］ボタンをクリックすると、何の確認もなくすぐに登録が行われます。メールアドレスやパスワードを打ち間違えていると、最悪の場合は二度とサインインできなくなってしまいます。よく確認して入力してください。
　すでにアカウントを作成した（自分のアカウントを持っている）ときは、［またはサインイン］の文字をタップしてページを移動し、表示に従ってメールアドレスとパスワードを入力します。もしもパスワードを忘れてしまったときは、「パスワードを忘れたら」の文字をタップし、表示に従って操作してください。

| Step 9 | アカウントの作成またはサインインに成功すると、次のような画面が表示されます。
これがiPhone版公式アプリの基本画面です。 |

　なお、アカウントの作成またはサインインに失敗するとメッセージが表示されます。内容をよく確かめて、やり直してください。

Step 10 次の図のような表示が現れて、通知機能の利用をたずねられたときは、[OK]をタップしてください。

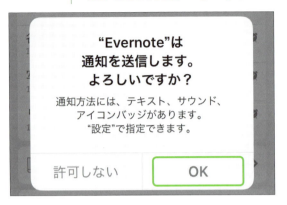

通知機能は、指定した日時に、指定したノートを表示する「リマインダー」のために使います。

Step 11 利用を終えるには、本体のホームボタンを押します。

ノートの同期は自動で行われますが、同期のタイミングが気になるときは、ホームボタンを押す前に同期ボタンをタップして手動で同期してください。手動で同期する手順は 3-4「iPhone版の基本画面」で紹介します。

なお、iPhoneでアカウントを作成すると自動的に無料の「スタンダードプラン」になります（執筆時点の動作）。もしもプランを選ぶ画面が表示されたときは、「スタンダード」を選んでください。

【第2章】準備をしよう

iPadで準備をする

iPadで
準備をする
手順を紹介します。

iPadで使い始める方は、以下の手順で準備をしてください。すでにほかの端末でアカウントを作成した方は、アカウントを作成する代わりにサインインをしてください。

Step 1 iPadを起動してアプリのアイコンが並ぶホーム画面へ移動し、「App Store」のアイコンを探してタップしてください。

【第2章】準備をしよう

Step 2 | 画面左下の[おすすめ]をタップします。

Step 3 | 画面右上の「検索」と表示されている欄に「evernote」と入力して、[検索]キーをタップします。
以降はiPhoneで準備をするときのStep4以降と同じです。

Step 4 アカウントの作成またはサインインに成功すると、次のような画面が表示されます。
これがiPad版公式アプリの基本画面です。

iPhone版とよく似ていますが、画面が広い分だけノートの内容の一部が見えるようになっています。暗く表示されている部分は直接操作できないので、いまは無視してかまいません。

【第2章】準備をしよう

Webから使う

Webブラウザから
ノートを読み書きする
こともできます。

　Evernoteのノートを読み書きする方法にはもう1つ、パソコンのWebブラウザを使ってEvernote社のWebを開く方法もあります。いま操作しなくてもかまわないので、このような方法もあることだけ覚えておいてください。

　この方法の特徴は、インターネットへつながっていて、Webブラウザが使えるパソコンがあれば、どこからでも自分のノートを読み書きできることです。

　たとえば、外出先などで自分のパソコンを持ち合わせていないときや、自分のパソコンがあってもインターネットへアクセスできないときでも、Webを使えるパソコンがその場にあれば、それを借りて自分のノートを読み書きできます。パソコンは、家族や同僚のもの、または、図書館やインターネット喫茶などにある共用端末でもかまいません。

　ただし、あとで他人に自分のノートを読み書きされるおそれがあるため、Webブラウザ内に記録を残さずにアクセスする機能を使ってください（手順は後述）。もしもこの機能を使えないときは、Webからノートを読み書きしないことを強くおすすめします。

　なお、使い勝手は専用アプリのほうがよいため、普段はこの方法を使う必要はありません。また、この方法ではパソコンが必要です。スマートフォンやタブレットからは利用できません。

Step 1

Webブラウザの「Safari」を開き、
[ファイル]→[新規プライベートウインドウ]を選びます。
このウインドウを使ってアクセスした内容は、
このSafari内に記録を残しません。

他人のパソコンを借りる可能性があるので、Macの「Safari」以外のWebブラウザでの手順を以下に紹介します。手順は異なりますが、おおよそ「プライベート」や「シークレット」などの名前がついています。

・MacおよびWindowsの「Chrome」：ウインドウ右上の3本線のアイコンをクリックし、[新規シークレットウインドウ]を選びます。または、Macのみ、[ファイル]→[新規シークレットウインドウ]を選んでも同じです。
・Windowsの「Edge」：ウインドウ右上の[…]→[新しいInPrivateウインドウ]を選びます。
・Windowsの「Internet Explorer」：ウインドウ右上の歯車アイコンのボタンをクリックし、[セーフティ]→[InPrivateブラウズ]を選びます。一部の環境では、ウインドウ右上の[…]→[新しいInPrivateタブ]を選びます。
・MacおよびWindowsの「Firefox」：ウインドウ右上の3本線のアイコンをクリックし、[プライベートウインドウ]を選びます。または、Macのみ、[ファイル]→[新規プライベートウインドウ]を選んでも同じです。

なお、iPhone、iPad、Android、Windows PhoneのWebブラウザでアクセスした場合は、ノートの読み書きはできません（アプリをダウンロードするように促されます）。

●Webから使う

Step 2 URL欄に「www.evernote.com」と入力します。
または「evernote」と入力して検索し、
検索サービスを利用してもかまいません。

Step 3 Evernote社のWebが開いたら、
[ログイン]のリンクをクリックします。
「ログイン」はサインインと同じ意味です。

Step 4 表示に従って、メールアドレスとパスワードを入力し、
[ログイン]ボタンをクリックします。

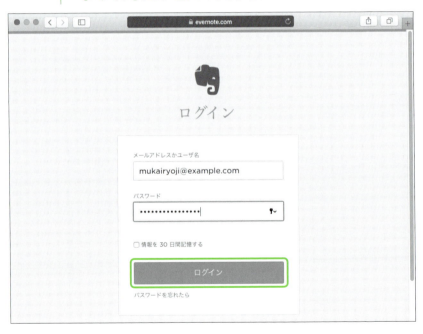

38

Step 5　自分のノートの基本画面が表示されます。

画面構成やボタンのアイコンは公式アプリと同じものが使われているので、公式アプリを使っていけば、Webから読み書きするときにも分かるようになるでしょう。

Step 6　作業を終えるには、まずウインドウ左下の丸いアイコンをクリックします（イラストはユーザによって異なります）。これはアカウント操作のメニューです。

Step 7 メニューが開いたら［ログアウト］を選びます。

ログアウトとは利用を終える手続きのことで、ログインの逆の操作です。

Step 8 「ログアウトしました」というページへ移動したら、ログアウトは完了です。ウインドウを閉じてすべての操作を終了してください。

【第2章】準備をしよう

有料プランの利点

無料プランと有料プランの違いを、重要なポイントに絞って紹介します

Evernoteには3つのプランがあり、利用できる機能が異なります。「ベーシック」は無料、「プラス」「プレミアム」は有料です。公式の比較表は下記URLにあります。

▼Evernote「プランをお選びください」
https://evernote.com/intl/jp/pricing/

比較表には細かな違いが示されていますが、特徴を簡単にまとめると次のようになります。

【ベーシック】無料のため、最低限の機能に限られていますが、基本操作を学ぶには十分です。利用時には原則としてインターネットに接続している必要があります。利用できる端末は2台までです。

有料プランの利点

【プラス】登録できるデータ量が大幅に増え、インターネットに接続していないときでもノートを利用できるようになります。また、3台以上の端末で利用できます。
【プレミアム】登録できるデータ量がさらに増えるとともに、おもに、作成したノートを活用するための機能が追加されます。

なお、管理者を配置したチームでの用途に適した「ビジネス」プランもありますが、本書では扱いません。

この節では3つのプランの違いについて、長期にわたって使うことを前提にして、とくに注目すべきポイントを紹介していきます。

COLUMN

どのプランがおすすめ？

iPhone・iPadでの活用や、書きためるノートの量を増やすことが大きな目的であればプラスプランでも十分ですが、書きためたノートを活用するにはプレミアムプランをおすすめします。

ただし、最初からお金を払って使うのは抵抗があるかもしれません。そこでおすすめするのが、まずは無料のベーシックプランから使い始めて、基本的な使い方に慣れてからプレミアムプランへ変更することです。途中でプランを変更しても、アプリケーションを入れ替えたり、データを移したりする必要はありません。契約するとすぐに追加機能が使えるようになります。

なお、いったん有料プランを利用したあとに、安価なプランへダウングレードしても、利用できる機能が減るだけです。ノートが削除されることはありません。

▶▶▶ **2.6.1**
月間の登録データ量が増える

3つのプランの最大の違いは、1か月間に作成できるノートの量です。

この「1か月間」とは、自分がそのプランを使い始めた日から数えられます。カレンダーの月末ではありません。15日に契約した（あるいは、プランを変更した）場合は、15日から数え始められます。

作成できるノートの量は、1か月間に作成したノートに含まれるデータ量の合計で計算されます（ノートを作成するとクラウドと同期するためにアップロードされるため、「アップロード容量」とも呼ばれます）。ノートの数や、ほかの端末で読み込む（ダウンロードする）量は関係ありません。

1か月間に登録できるデータ量の上限は、ベーシックプランは60MB、プラスプランは1GB（約1,000MB）、プレミアムプランは10GB（約10,000MB）です。

ノートの主な内容が文章であれば、ベーシックプランであっても、容量を気にする必要はまずありません。文章のデータ量はとても小さいからです。

データ量が多くなるのは、文章に装飾を加えたワープロのファイルや、画像や音声など、文字以外の形式のファイルです。たとえばiPhoneの内蔵カメラで写真を撮影すると、1枚で約1MBになります（機種や撮影対象などによって異なります）。もしも日記代わりに毎日写真を2枚登録すると、ベーシックプランではそれだけで上限に達するかもしれません。

プレミアムプランの10GBという容量は、iPhoneの写真で約1万枚に相当します。無制限ではないものの、ビジネスパーソンを含めたほとんどの方にとっても、ほぼ気にしなくてもよい容量だと言えるでしょう。

なお、もしも期間内に上限に達すると（アップロード容量を使い切ると）、次の1か月が始まるまでの間、ノートの追加や編集ができなくなります。ただし、その間も検索や閲覧は問題なく行えます。

 TIPS

大きなサイズのファイルをよく使う方は、ノートに直接添付せず、Googleドライブのようなファイル単位で保存できるサービスを併用し、Evernoteではそのリンクを登録することをおすすめします。添付ファイルの活用については 4-5「ファイルを添付する」、4-6「Googleドライブから添付する」で紹介します。

COLUMN

10GBはもったいない？

「10GBも容量があっても使い切れないし、自分にはもったいないのでは」と思うかもしれません。しかしこの容量の大きさはプレミアムプランの数ある利点の1つに過ぎませんし、たいていの使い方では容量の心配をする必要がないほど十分だと考えるとよいでしょう。筆者自身もプレミアムプランを契約していますが、月間に1GBを超えることはまずありません。

▶▶▶ **2.6.2**
Macで今月分の残り容量を調べる

Mac版公式アプリを使って、いま契約しているプランや、次の締切日までに登録できるデータ量を調べるには、まず［Evernote］→［アカウント情報…］を選びます。

「アカウント情報」が開いたら、「月間使用量」の欄を確かめてください。確認したら「アカウント情報」ウインドウを閉じます。「容量がリセットされる」とは、その日からデータ量を数え直すという意味です。

●「アカウント情報」ではアップロード容量の残りと期限がわかる

 T I P S

　プランにかかわらず1つのノートには、文章、画像、音声、別のアプリで作成したファイルなどを複数添付できますが、1つのノートとして登録できる合計のデータ容量には、プランごとに上限があります。ベーシックプランは25MB、プラスプランは50MB、プレミアムプランは200MBです。この制限は、月間のアップロード容量とは別のものですので注意してください。
　たとえばベーシックプランの場合、小さなサイズのファイルを数多く添付しても、その合計が20MBであれば問題ありません。しかし、たった1つでも30MBあるファイルは添付できません。

▶▶▶ 2.6.3
iPhone・iPadで今月分の残り容量を調べる

　iPhone・iPad版公式アプリを使って、いま契約しているプランや、次の締切日までに登録できるデータ量を調べるには、まず基本画面の左上にある歯車のアイコンをタップします。「設定」画面が開いたら、「残り」などの表示を確かめてください。確認したら画面左上の「閉じる」をタップします。

●アップロード容量の残りと期限を調べるには「設定」を開く

 →

▶▶▶ 2.6.4
長期利用とノートの保管

　ノートは1個所に長期間蓄積してこそ価値があります。数年間、数十年間と継続利用することを考えると、心配になるのは料金と保存容量の上限でしょう。
　Evernoteでは、1か月間に登録できるノートのデータ量には上限がありますが、その一方、過去に登録したノートを含めた累積のデータ量には制限がありません。このルールはすべてのプランで同じです。

有料プランの利点

たとえば、プレミアムプランを契約して毎月1GBのデータを登録し、3年間使い続けたとします。合計36GBにもなりますが、なにも問題はありません。

さらに、3年後に何らかの事情でベーシックプランへ切り替えたり、プレミアムプランの継続をうっかり忘れたとしても、過去に登録したノートが一方的に削除されることはありません。自分でアカウントを抹消しないかぎり、プレミアムプランの期限が切れてもベーシックプランへ切り替わるだけだからです。ベーシックプランへダウングレードすると上位プラン特有の機能が使えくなりますが、再度上位プランを契約すればふたたび使えるようになります。

なお、累積データ容量に上限はありませんが、プランにかかわらず、ノートとノートブックの数には上限があり、それぞれ10万、250となっています（ノートとノートブックについては 第3章「Evernoteを始めよう」で紹介します）。ほとんどの方には十分なものですが、もしもノートの数が上限に達してしまったときは、不要になったノートを削除したり、ノートブック間でノートを移動するなどして整理する必要があります。

T I P S

Evernoteではノートブックごとに通常のパソコンのファイルとして書き出すことができるので、古いノートを書き出して空き容量を確保することができます。書き出したファイルは再び読み込むこともできるので、必要になったときに再度読み込んだり、別のアカウントへ移すこともできます。
とはいえ、あまり使わないノートが多くなると、同期するパソコンに保管するデータ量が増えて、ディスク容量を圧迫します。ノート数やノートブック数の上限が気になるような使い方をする場合は、作成または更新からの期間などを目安にして、適宜整理するほうがよいでしょう。

▶▶▶ 2.6.5
プレミアムプランの注目機能

プレミアムプランの魅力はデータ容量だけではありません。とくに注目のものを簡単に紹介します。

- **【利用できる端末台数】** ベーシックプランで利用できる端末は、合計で2台です（ただし、パソコンのWebブラウザからアクセスした場合を除く）。たとえば、職場のMacとiPhoneの各1台に公式アプリをインストールして利用すると、自宅のMacやiPadでは公式アプリからは利用できません。プレミアムプランでは、利

用台数に制限はありません。もちろんWindowsやAndroidと併用することもできます。
・【メールを送ってノートを作成する】自分専用のアドレスへメールを送ると、ノートを作成できます。具体的な手順は 5-3「メールでノートを取る」で紹介します。
・【PDFやオフィス向けアプリ形式のファイル内を検索】PDFや、Word、Excelなどのオフィス向けアプリで使用する形式のファイルを添付すると、その内容も検索できます。
・【PDFに注釈を描き込む】公式アプリの内蔵機能を使って、PDFにコメント（注釈）を描き込めます。詳細は 8-4「画像やPDFに注釈を描き込む」で紹介します。
・【ノートを使って簡易プレゼン】ノートをスライドとして扱い、簡易的なプレゼンテーションを行えます。Macではポインタも使えます。
・【関連ノート】ノートの内容から自動的に判断して、自分が作成した別のノートや、提携する媒体の記事から、関連したものを表示します。

【第2章】準備をしよう
2-7 有料プランへ切り替える

有料プランへ切り替える手順を紹介します。

　プランを切り替えるには、プランの種類と期間を選び、所定の料金を前払いで支払います。価格は購入方法によってやや異なります。目的にあわせて選んでください。なお、購入手順については、本書では概略のみを紹介します。詳細は画面の表示をよくお読みください。また、図中の金額は執筆時点のものです。

　有料プランを購入するには、おもに以下の方法があります。
- ・App Storeでアドオンとして（月払い、1年払い）
- ・Evernote社のWebで（月払い、1年払い）
- ・ソースネクスト社のWebで（1年払い）

　プランの契約はアカウントごとに行われます。どの端末から、どの方法を使って購入してもかまいません。

　なお、キャンペーンや、ほかの製品の付属品として、有料プランを一定期間利用できるコードが配布されることがあります。その場合は、それぞれの案内に従って登録してください。

▶▶▶ 2.7.1
Mac App Storeで買う（Mac）

　Macからは「Mac App Store」、iPhone・iPadからは「App Store」を通して、アドオン（アプリの追加プログラム）として有料プランを購入できます。どちらもAppleが運営するストアですので、決済には、音楽のiTunes Storeやアプリの App Storeと共通のApple IDが使われます。これらのストアを利用したことがあれば、新しく支払い方法を登録する手間がありません。

　支払いには、Apple IDに登録したクレジットカード、または、プリペイドで購入したiTunes Cardが使えます。有料アプリや音楽作品などを購入するときと同じです。

Macから購入する手順は次のとおりです。iPhone・iPadの場合は次の項へ進んでください。

Step 1 公式アプリを起動し、[Evernote]→[アカウント情報...]を選びます。

Step 2 [アップグレード]ボタンをクリックします。

有料プランへ切り替える

Step 3 プランと期間を選んでクリックします。

Step 4 Apple IDをたずねるダイアログが開くので、表示に従って入力します（Evernoteのアカウントではありません）。以後は表示をよく確かめて操作してください。「App Store」は起動していませんが、実際にはApp Storeを通しての購入になります。

> 💡 **T I P S**
>
> Macからは、Evernote社のWebから直販で購入することもできます。支払い方法にはクレジットカードまたはペイパルが選べます。この方法で購入するには、公式アプリを起動し、[ヘルプ]→[アカウント設定...]を選び、Webページが開いたら[アップグレード]ボタンをクリックします。以後は画面の表示に従って下さい。

▶▶▶ 2.7.2
App Storeで買う（iPhone・iPad）

Step 1 公式アプリを起動し、基本画面の左上にある歯車アイコンをタップします。

Step 2 「設定」画面へ移ったら、「アップグレードのオプションを表示」をタップします。

Step 3 「プラス」または「プレミアム」から購入したいプランの円をタップし、購入したい期間をタップします。

Step 4 Apple IDをたずねるダイアログが開くので、表示に従って入力します（Evernoteのアカウントではありません）。以後は表示をよく確かめて操作してください。「App Store」は起動していませんが、実際にはApp Storeを通しての購入になります。

▶▶▶ 2.7.3
ソースネクスト扱いで買う

　プレミアムプランの長期契約に限っては、低価格のパッケージアプリケーション販売で知られるソースネクスト社から購入することもできます。一時的に支払う金額は大きくなりますが、1か月当たりの料金は最も割安です。

　ソースネクスト扱いで購入しても、購入ルートが変わるだけであって、Evernoteとして利用できる機能や使用する手順は変わりません。購入すると使い切りのコード（番号）が引き渡されるので、それをEvernote社のWebで登録して利用します。執筆時点では同社のWeb（http://www.sourcenext.com）からオンラインのみで販売されています。

●年払いのみだがソースネクスト扱いは最も割安

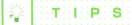

以前は、店頭販売用のパッケージ版や、さらに割安な独自の3年版がありましたが、執筆時点ではソースネクスト社のWebにはありません。今後もラインナップが変更される可能性があるので、購入時にはよく確かめてください。
また、すでにプレミアムプランを契約していて、さらに期間を延長したいときも、ソースネクスト版を利用できます。現在の契約プランが終了する前に購入してコードを登録すると、契約期間が延長されます。

【第 3 章】

Evernote Guidebook

Evernoteを始めよう

最初に、ノートを取る前に知っておきたいキーワードを紹介します。その後に練習として簡単なノートをいくつか書いて同期を行い、基本操作の流れを覚えましょう。

【第3章】Evernoteを始めよう

ノートとノートブック

内容を収める「ノート」と「ノートブック」について紹介します。

▼ ▼ ▼ ▼ ▼ ▼

　Evernoteでは、記録の1つを「ノート」、それをまとめたものを「ノートブック」と呼びます。「ノート」と「ノートブック」は、現実の「ルーズリーフの1枚」と「ルーズリーフのホルダー」のようにイメージしてください。

●「ノート」と「ノートブック」

3.1.1
ノートとは

　Evernoteで何かを記録するには、その内容を「ノート」に収めます。個々のノートの内容には、大きく分けて3つの要素があります。

- **タイトル（題名）**：文章のみ記録できます。
- **内容**：文章、画像、音声、ほかのアプリで作成したファイルなど、さまざまな形式のデータを混在して収められます。
- **ノート情報**：作成日時、更新日時、タグ、URL、位置情報など、さまざまな関連情報をノート自体に付けられます。これらの情報が必要なときだけ記録すれば十分です。また、一部の項目は自動的に記録されます。

　ノートの内容はいつでも書き換えられます。また、1つのノートを分割したり、複数のノートを1つに統合することもできます。

　多くの内容を収めた長いノートも作成できますが、あまり長くなると扱いづらくなるので、用途によっては適宜分割してもよいでしょう。なお、1つのノートに収められる最大データ量には上限があります（2-7「有料プランへ切り替える」を参照）。ノートは累計で10万まで作成できます。

●ノートにはさまざまな形式のデータを混在して収められる。

▶▶▶ 3.1.2
ノートブックとは

　ノートを分類して収めるものが「ノートブック」です。それぞれのノートは、必ずいずれか1つの「ノートブック」に収められます。

　ノートを収めるノートブックは、いつでも変更できます。つまり、あるノートブックから別のノートブックへ、いつでもノートを移動できます。

　ノートブックは、いつでも作成・削除できます。また、ノートブックは累計で250まで作成できます。

●ノートは必ずいずれか1つのノートブックに収められる

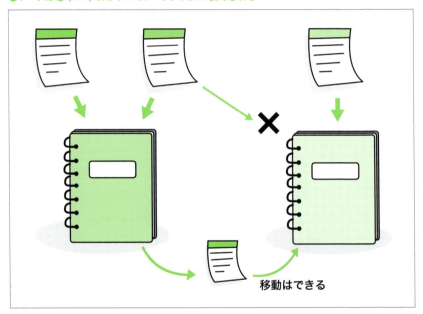

移動はできる

 TIPS

　1つのノートを複数のノートブックに収めることはできません。複数の分類に登録したいときは、ノートブックではなく「タグ」という機能を使います。ノートブックの活用法やタグとの使い分けについては、第6章「Macでノートを整理・検索しよう」で紹介します。

> **COLUMN**
> **まだ内容が決まっていないノートはどこへしまう?**
>
> これから内容を書く新しいノートでも、ノートブックに収めずにおくことはできません。必ず、いずれかのノートブックへ収める必要があります。
> ノートの数が増えたら、作成中や未整理のノートを収める一時保管専用のノートブックを作ると便利です。ノートブックの使い分けについては 6-1「ノートブックを整理する」で紹介しますので、いまはまだ気にしないでおきましょう。

▶▶▶ 3.1.3
長さと分類は気にしない

　Evernoteの「ノートの長さ」や「ノートブックの分類法」は、特に使い始めのうちは、気にしないことをおすすめします。

　現実のノートやホルダーでは、量の多少が気になりがちです。1つのノートの内容が1行で終わってしまうと、もったいないと感じてしまいます。逆に、内容が長大になれば、1枚のノートでは収まりません。

　分類も同様です。重要なテーマだからとホルダーを用意しても、該当するノートは数枚しかないことがあります。逆に、該当するノートが多くなればホルダーを追加する必要があるので、1つの分類に対して複数のホルダーを探し回ることになります。

　一方Evernoteでは、1行しかないノートがたくさんあってもかさばることはありません。ノートブックに収めたノートが3つだけでも、何千あっても、画面では同じに見えます。ノートの容量や、ノートとノートブックの総数に上限はあるものの、特にプレミアムプランを契約すれば、一般的な使い方ではほとんどそれらを気にする必要はないでしょう。

　また、記録した後からノートを複製・統合したり、ノートブックに分類した後からノートを移動する手順も、現実のノートやホルダーに比べるとずっと簡単です。そもそも検索機能があるので、管理や分類を厳密にすることはあまり重要ではありません。

　なによりも重要なことは、記録を増やすことです。記録するほど重要だろうかと迷っても、長さも分類も気にせずにノートを取ってください。

COLUMN
気にするなと言われても

気にしないほうがよいと言われても、どこまでを1つのノートに収め、どのようにノートブックを分類すべきか迷ってしまうかもしれません。そこで著者としては、特に使い始めの間は、次の3つのルールをおすすめします。

- 1つのトピックは、長さを気にせず、1つのノートにする。
- とても大きなトピックに限り、共通のタイトルをつけて適宜ノートを分ける。
- 明らかに分類できるものを除き、ノートブックは分けない。

どこまでを1つのトピックとするかは難しいところですが、特に分ける理由がないときは、1つのノートに収めるとよいでしょう。

1年に1度の会議のような大きなトピックの場合は、適宜ノートを分けて、「全国支店長会議　2016年　出席者名簿」「全国支店長会議　2016年　検討資料　長野店」のように、タイトルの一部を共通のものにすると、検索や並べ替えをするときに便利です。

ノートブックを使った分類については、初めのうちは行わないことを強くおすすめします。「業務日誌」と「趣味のガーデニング日誌」のように、明らかにほかのノートと区別がつくときはよいのですが、登録先のノートブックに迷うケースが必ず出てくるからです。現実のホルダーのように、事前に何かを買いそろえる必要はないので、分類は後回しにしましょう。

【第3章】Evernoteを始めよう
3-2 クラウドとオフライン

作成したノートを保存する場所と、すべての端末で同じノートを扱えるようにする「同期」について紹介します。

　Evernoteでは、自分が作成したすべてのノートは、インターネット上にあるEvernote社のサーバー（サービスを提供する施設）に蓄積します。このような、インターネット上でサービスを提供する仕組みを一般に「クラウド」と呼びます。クラウドという名前は、インターネットを図で表すときにIT業界では雲のイラストを使ったことに由来します。

　クラウドに対し、いずれかの端末の中にあるノートを一般に「オフライン」と呼びます。この場合のラインとはインターネット接続回線、オフとは離れているという意味です。つまり、ネットワーク上ではなく端末の中にあることを指します。

　いずれかの端末でノートを作成すると、まずは端末の中、つまりオフラインで保存されます。これをクラウドに集めるときに、端末とクラウドの双方にあるノートの更新状況を照合して、双方が最新、かつ同じ状態になるようにコピーされます。この操作を「同期」と呼びます。

　たとえば、自宅と職場にある2台のMacでEvernoteを使っているとします。自宅のMacで新しいノートを作ったり、既存のノートの内容を更新すると、まずそのMacの中で保存し、次にクラウドと同期を行います。その後に職場のMacでEvernoteアプリを起動すると、クラウドと同期を行います。

　これによって、クラウドと、2台のMacにあるノートのすべてが、最新、かつ同じ状態になります。つまり、どの端末でノートを作成・編集しても、クラウドを介して同期することで、最終的にはすべての端末で同じノートが参照できるようになります。

●「同期」は、互いに照合して、すべての端末にあるノートを最新にする操作

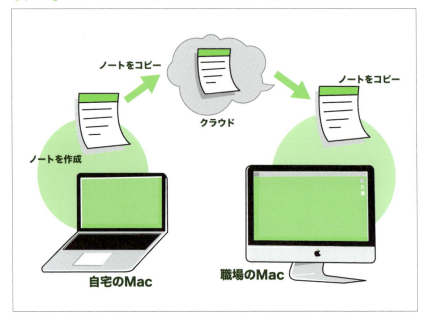

▶▶▶ 3.2.1
クラウドの利点と欠点

　Evernoteを使っている端末同士ではなく、いったんクラウドを介して同期することによって、次のような利点が生まれます。
- 端末の紛失や盗難、故障などがあっても、新しく用意した端末とクラウドを同期すればすべてのノートを復旧できます（正確には、直前に同期されたときの状態まで）。クラウドは、端末のバックアップとしても役立ちます。
- ほかの端末がインターネットにつながっていなかったり、電源が切れている間でも、ノートを作成・更新できます。それらの端末もあとでクラウドと同期すれば、最終的にはすべての端末で最新のノートを参照できます。

　ただし、使い方によっては前記したような仕組みに注意する必要があります。ノートを作成・更新しても、その端末がインターネットにつながらない間はクラウドと同期できないため、ほかの端末では新しいノートを参照できません。

> **TIPS**
>
> 特に屋外や移動中に使うことが多い場合は、必ずクラウドを仲介してノートを同期する仕組みであることに注意してください。端末同士をつなげて同期することはできません。
>
> たとえばiPhoneとMacを持って出張に行くとします。このとき、どちらかで作成したノートをもう1台と同期するには、何とかして2台をインターネットに接続する方法を探す必要があります（同時に接続する必要はありません）。あらかじめ宿泊施設などのWi-Fiスポットや有線LANサービスを調べておきましょう。場合によっては、さまざまな用途のWi-Fi対応製品を併用する必要があります。

▶▶▶ 3.2.2
iPhoneとiPadでの注意点

　MacとiPhoneおよびiPadでは、ノートの保存方法が異なることに注意してください。

　MacのEvernoteには、すべてのノートがMac内に保存されます。このため、クラウドと同期しておけば、その時点でのすべてのノートをオフラインで参照できます。たとえば、外出中はMacをインターネットに接続できなくても、外出の直前に同期を済ませておけば、それ以前に作成したノートは外出先でも参照できます。

　一方、iPhoneやiPadでは、端末には一部のデータしか保存されません。題名などの重要な要素はオフラインでも検索できますが、内容を参照するにはインターネットへ接続してクラウドからダウンロードする必要があります（状況によっては、ごく最近参照したノートは参照できる場合がありますが、確実に参照できるとはかぎりません）。

　iPhoneでは外出先でもインターネット接続できますが、偶然にも圏外だったり、ネットワークが混雑していると、必要なときにノートを参照できないおそれがあります。

　ただし、有料プランを契約し、必要な操作を行えば、特定のノートブックの内容を端末内に保存するように指定できます。iPhoneやiPadでは端末全体の保存容量が限られているため、すべてのノートを保存することはおすすめできませんが、圏外でも必ず参照したいノートはノートブックを分けておくと便利です。具体的な手順は7.1.3「ノートブックの操作」で紹介します。

TIPS

　Evernoteのノートブックには、クラウドと同期される一般的なもののほかに、オフラインだけで使用する「オフラインノートブック」があります。オフラインノートブックは、そのノートブック内のすべてのデータを端末内に保存するため、インターネットへ接続していないiPhoneやiPadでもすべてのノートを参照できます。ただし、クラウドやほかの端末と同期されない点に注意してください。オフラインノートブックとして作成できるのはノートブックの作成時のみです。また、作成できるのは有料プランのみです。

【第3章】Evernoteを始めよう
3-3 Mac版の基本操作

Mac版公式アプリを使って、ノートの作成、参照、再編集をしてみましょう。

次の図は、アカウントを作成してサインインした直後の画面です。まだノートはありません。

●アカウントを作成した直後の基本画面

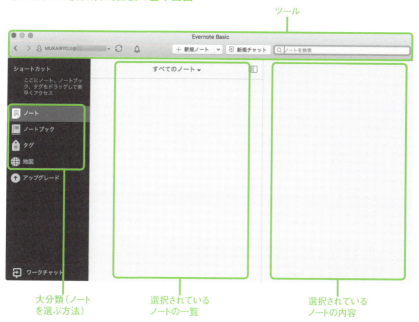

- ツール
- 大分類（ノートを選ぶ方法）
- 選択されているノートの一覧
- 選択されているノートの内容

▶▶▶ 3.3.1
Macでノートを取る

Mac版の公式アプリでノートを取る方法はたくさんありますが、まずは最も基本的な手順を実行してみましょう。文字だけのノートを3つ作成します。

C O L U M N

何のノートを取ればいい?

いまは練習ですから、特に意味のある内容を書く必要はありません。周りを見回して目に付いたものを書いてください。または、明日の予定や、買物リストなどもよいでしょう。

しかし、いくら練習とはいえ意味のないノートでは張り合いがないかもしれません。その場合は「普段は気にしないが、不意に正確な情報が必要になるもの」を書くとよいでしょう。たとえば、次のようなものです。

- 使っているプリンターのメーカーと型番、または交換用インクの型番
- 居間や書斎の蛍光灯のサイズ
- ときどき使う振込先の金融機関の口座番号
- よく行く病院の診療時間

Step 1 ウインドウ左側にある列の「ノート」をクリックします。「ノート」が強調表示されているときは、すでに選ばれています。

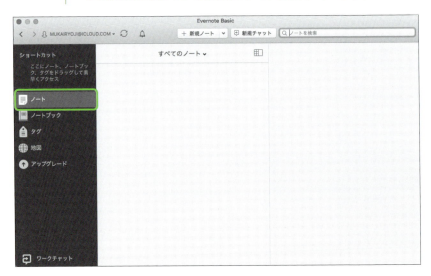

Step 2　ツールバーの［新規ノート］ボタンをクリックするか、または、［ファイル］メニューから［新規ノート］を選びます。

新しいノートが作られた

　ウインドウの中央と右側の表示が変わることを確かめてください。中央はノートの一覧、右側はいま選ばれているノートの内容を表示しています。

Step 3　灰色で「無題」と書かれている位置で縦棒が点滅していることを確かめてください。もしも点滅していないときは、「無題」と書かれている個所をクリックしてください。

新しく作られたノートの内容

点滅する縦棒は、ここに文字を入力できることを示しています。ワープロやメールソフトと同じです。灰色の文字は説明です。文字を入力し始めると消えます。

Step 4 文字を入力して、このノートの題名を付けます。

Step 5 tabキーを押すか、灰色で「ここにファイルを…」と書かれている文章をクリックします。

題名の下はノートの内容を収めるところです。画面には表示されていませんが、題名との間に仕切り線があると考えるとよいでしょう。

Step 6 文字を入力して、ノートの内容を書きます。これで1つめのノートが作られました。

ノートは適宜自動的に保存されるため、特に保存操作を意識する必要はありません。ただし、いますぐ確実に保存したいときは、[ファイル]メニューから[保存]を選びます。

なお、ウインドウ中央にあるノート一覧の表示にも同じ内容が反映されます。一覧表示の方法にはいくつかありますが、この表示方法では各ノートの最初の部分が表示されます。

Step 7 再度[新規ノート]ボタンをクリックして、新しいノートを作り、内容を書いて、全部で3つのノートを作ってください。

Step 8 もしもいますぐ同期したいときは、ツールバーにある回転する矢印をクリックするか、[ファイル]メニューから[同期]を選びます。

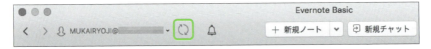

　同期の実行中は、矢印に色が付いて回転します。同期が終わると回転も止まります。

　アプリの起動中は、適宜自動的にクラウドと同期するため、通常は特に同期操作を意識する必要はありません。ただし、外出前など確実に同期したいときのために、この操作も覚えておきましょう。

Step 9 [Evernote]メニューから[Evernoteを終了]を選んでアプリを終了します。

　アプリを終了するときも、自動的にクラウドと同期してから終了します。これで、いま作成した3件のノートは、クラウドにも保存されているはずです。よって、これ以降に別の端末から同期すると、いま作成した3つのノートがコピーされてくるはずです。

TIPS

まだ同期されていないノートは、一覧表示に上向きの矢印が付くなどの方法で示されます。ただし、まだ同期されていないノートがあるかどうかを調べるのは面倒ですので、必要なときはすぐ同期を実行するほうが簡単です。

▶▶▶ 3.3.2
Macでノートを探す

　書きためたノートから目的のノートを探す方法はたくさんありますが、まずは一覧から選ぶ方法と、基本的な検索手順を紹介します。もう一度アプリを起動してください。

Step 1　ウインドウ左側にある列の「ノート」をクリックします。「ノート」が強調表示されているときは、すでに選ばれています。

Step 2 ウインドウ中央にあるノート一覧の表示をスクロールして、目的のノートをクリックして選ぶと、右側にその内容が表示されます。

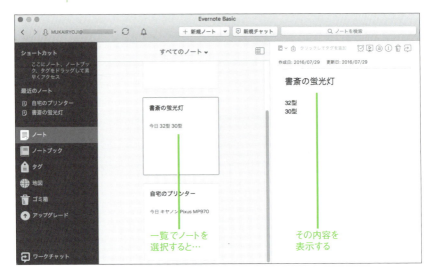

Step 3 ウインドウ右上にある「ノートを検索」欄をクリックします。この欄は、ノートをキーワードで検索するための入力欄です。

Step 4 いずれかのノートに書いた単語を入力して[return]キーを押します。すると検索結果、つまり、キーワードを含むノートの一覧が表示されます。

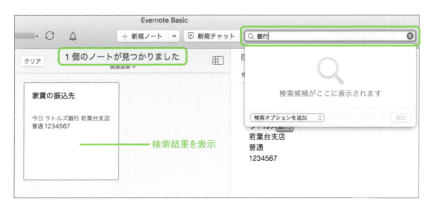

Step 5 ノート一覧表示でいずれかのノートをクリックし、そのノートの内容を表示します。

　ノートを編集状態にするまで、ノートの中にあるキーワードも強調表示されます。ノートが長いときも、スクロールすれば該当の個所を速やかに見つけられます。

Step 6 「ノートを検索」欄の右端にある×マークをクリックするか、[編集]メニューから[検索]→[検索をリセット]を選びます。すると検索が解除され、すべてのノートが表示されます。

▶▶▶ 3.3.3
Macでノートを再編集する

以前に作成したノートの内容は、いつでも書き換えられます。編集可能な状態へ切り替えるなどの操作は必要ありません。

Step 1 内容を編集したいノートを探します。

目的のノートを探す方法は問いません。一覧をスクロールしても、検索してもかまいません。

Step 2 編集したい位置をクリックします。題名でも本文でもかまいません。文章を書き換える操作は、ワープロなどと同じです。

Step **3** | 新規作成時でも、編集時でも、保存や同期の手順は同じです。必要に応じて保存や同期を行ってください。

TIPS

ノートの内容はいつでも書き換えられますが、逆に言えば、書き換えを防ぐようにロックする機能がありません。プレミアムプランでは履歴が自動記録されるため、[ノート]メニューから[ノートの履歴...]を選んで過去の状態へ戻すこともできますが、思わぬ操作をしてしまったら[編集]メニューから[取り消す]を選ぶなどして、すぐに対処するほうがよいでしょう。

【第3章】Evernoteを始めよう

iPhone版の基本画面

iPhone版公式アプリを使って、ノートの作成、参照、再編集をしてみましょう。

▼　▼　▼　▼　▼　▼　▼

次の図は、アカウントを作成してサインインした直後の画面です。まだノートはありません。

● アカウントを作成した直後の基本画面

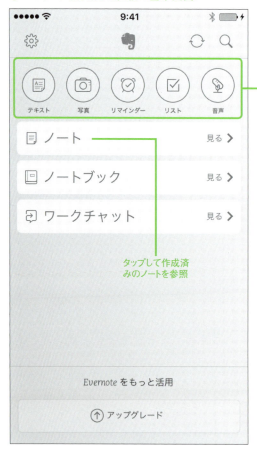

さまざまな方法で
ノートを作成

タップして作成済
みのノートを参照

▶▶▶ 3.4.1
iPhoneでノートを取る

　iPhone版の公式アプリでノートを取る方法はたくさんありますが、まずはもっとも基本的な手順を実行してみましょう。文字だけのノートを3つ作成します。

Step 1 　ホーム画面で公式アプリのアイコンをタップして開きます。

Step 2 　基本画面が開きます。画面上端の中央にゾウのアイコンがあるのが目印です。

もしも基本画面ではないときは、画面左上の［＜］を何度かタップして、基本画面へ戻ってください。

Step 3　5つ並んだ円の左端にある［テキスト］をタップします。

　5つある円はすべて、この内容でノートを作成するためのボタンです。いまは、もっとも基本的なテキストのノートを作成してみましょう。

Step 4　iPhone内蔵機能へのアクセスを求めるダイアログが開いたら、［許可］をタップします。

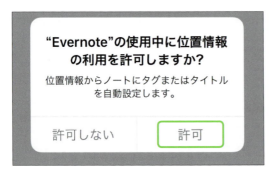

　利用目的は表示のとおりで、自動的に位置情報や題名を付けるために、GPSやカレンダーのデータを使います。

Step **5**　「新規ノート」の画面が開きます。入力位置を示す縦棒は、本文の先頭にあります。

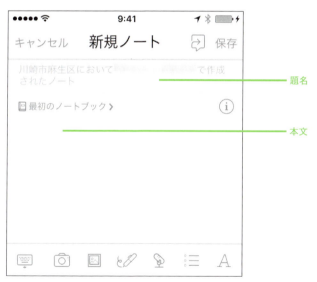

　もしも本文の先頭が入力位置でないときは、「最初のノートブック」の下あたりをタップしてください。

Step 6 ノートの本文を記入します。

Step 7 もしもいますぐ題名を付けたいときは、題名欄をタップします。表示されていないときは、画面を下へスワイプしてください。

　題名の文字は灰色ですが、「無題」ではなく候補として自動的に付けられているものです。書き換えずにこのまま保存すれば、そのまま題名に使われます。
　なお、状態に応じて、題名や関連情報の欄はスクロールして隠されることがあります。

TIPS

iPhoneやiPadでノートの先頭へ移動するには、ステータスバー（時刻や電池の状態表示されている画面上端）をタップします。

Step 8 題名欄をタップして、ほかの候補をタップして選ぶか、必要な題名を入力して[完了]キーをタップします。

直接入力

または、タップして選択

Step 9 | 画面右上の[保存]をタップします。

　保存せずに破棄したいときは、画面左上の[キャンセル]をタップして、表示に従って操作します。

Step 10 基本画面へ戻ります。「ノート」の見出しにいま作成したノートの題名が表示されているはずです。

Step 11 | 再度［テキスト］をタップして、新しいノートを作ります。題名を先につけたいときは、先に題名部分をタップして入力し、灰色の「タップして編集」の文字をタップしてから本文を入力します。

Step 12 　全部で3つのノートを作り、基本画面へ戻って確認してください。

Step 13 基本画面上端にある、回転する矢印をタップしてください。これは、いますぐクラウドと同期する操作です。

同期は自動的に行われますが、書き終えたノートをいますぐ確実にクラウドへ送りたいときは、手動で同期してください。

Step 14 ホームボタンを押してアプリを終了します。

▶▶▶ **3.4.2**
iPhoneでノートを探す

書きためたノートから目的のノートを探す方法はたくさんありますが、まずは一覧から選ぶ方法と、基本的な検索手順を紹介します。もう一度アプリを起動してください。

Step 1 基本画面にある「ノート」の見出しを探してタップします。

ここには、最近作成または編集した3件のノートが表示されます。もしもここに目的のノートがあるときは、タップして直接ノートを選べます。

Step 2 作成したノートの一覧が表示されます。上下へスワイプして、目的のノートを探します。

　本書の順番のとおり、先にMacで3つのノートを作成していれば、その3件が同期されて、合計6件のノートがここに現れるはずです。

Step 3 | いずれかのノートをタップすると、その内容が表示されます。

Step **4** 画面左上の「＜すべてのノート」をタップして、ノート一覧へ戻ります。

Step **5** 画面右上の虫眼鏡のアイコンをタップします。これは、検索キーワードを入力する欄を開くためのものです。

　状態によっては候補が表示されます。目的のノートが表示されているときは、候補をタップして選ぶこともできます。

Step 6 いずれかのノートに書いた単語を入力して、さらに[検索]キーをタップするか、[(キーワード)で検索]欄をタップして、検索を実行します。

ここでも候補が表示されることがあり、候補をタップして選ぶこともできます。いまは検索を実行してみましょう。

Step **7** 検索結果が表示されます。目的のノートをタップすると、その内容を表示します。

Step **8** 内容を確認したら、画面左上の[<]を何度かタップして、基本画面へ戻ってください。

--- C O L U M N ---

アイコンの機能は共通

紹介した手順以外にも、虫眼鏡のアイコンが表示されている画面があります。このアイコンが意味する機能は共通ですので、基本画面以外にある虫眼鏡アイコンをタップしてもノートを検索できます。（なお、虫眼鏡に書類がついているアイコンは、いま開いているノートの本文だけを検索します）同様に、「＋」のアイコンは新規ノート作成の意味です。

▶▶▶ 3.4.3
iPhoneでノートを再編集する

　以前に作成したノートの内容は、いつでも書き換えられます。編集可能な状態へ切り替えるなどの操作は必要ありません。

Step 1　内容を編集したいノートを探し、内容を表示します。

　目的のノートを探す方法は問いません。一覧をスクロールしても、検索してもかまいません。

Step 2 編集したい位置をタップします。題名でも本文でもかまいません。文章を書き換える操作は、ワープロなどと同じです。

Step 3 内容を書き換えたら、画面左上の［＜戻る］をタップして内容を確定します。

COLUMN
紙のノートのように手書きしたい

タッチパネルのiPhone・iPadでは、新しいノートに、いきなり手書きすることができます。電話の内容をメモするときなど、文字をキーボードで入力する余裕がないときに便利です。とくに、十分な画面サイズがあるiPadでは実用的です。

まず3.4.1「iPhoneでノートを取る」を参考に、新しいノートを作ります。次に、画面下端（iPadでは上端）にある、ペンのアイコンをタップします。すると画面が切り替わり、手書きできます。ペンの太さや色を変えたり、消しゴムも使えます。手書き部分を保存してノート全体の画面へ戻るには、画面左上の[完了]をタップします。

手書き部分をタップすると、内容を書き直すことができます。それ以外の部分をタップするとキーボードが表示されて入力できます。あとから内容を追加したり、手書き部分を見ながらキーボードで書き直すこともできます。

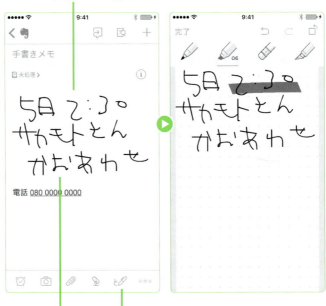

①通常のノートを作成して…
②手書きメモを挿入
③手書きメモをタップして書き直し

なお、「電話」や「LINE」アプリをはじめ、一般的な通話アプリでは通話中に別のアプリを使うことができるので、マイク付きイヤフォンやスピーカー通話を使えば、通話をしながらEvernoteでノートを取ることができます。

【第 4 章】

Evernote Guidebook

Macでノートを取ろう

Mac版の公式アプリを使って、
さまざまな内容のノートを
作成する方法と、
関連する操作の手順を紹介します。

【第4章】Macでノートを取ろう
4-1 ウインドウを操作する

ウインドウを操作してノートを見やすくする方法を紹介します。

　本格的にノートを取り始める前に、基本画面の概略と、ウインドウを操作する方法を紹介します。最初は流し読みでもかまいません。Evernoteを使っていく間に操作に迷ったら、再度読み返してください。

　Evernoteの基本画面は次の図のようになっています。

● 基本画面

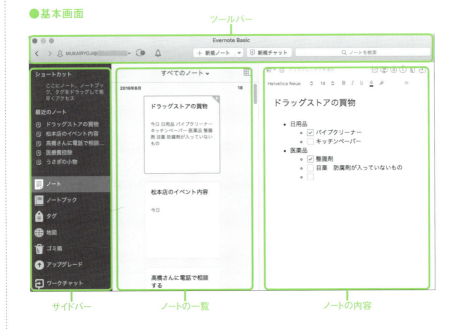

▶▶▶ 4.1.1
ツールバー

　ツールバーには、もっとも基本となるツールのボタンや入力欄が並んでいます。一部のものはすでに紹介しましたが、ここでまとめて紹介します。

● ツールバー

①1段階前またはあとに表示していた状態へ移ります。Webブラウザの「戻る／進む」と同じです。
②現在ログインしているアカウント名を表示します。クリックしてメニューを開き、[別のアカウントを追加…]を選ぶと、複数のアカウントを切り替えて操作できます（プレミアムプランでは複数のアカウントを切り替えられます）。
③クリックすると同期をすぐに手動で実行します。同期の進行中は色が変わって回転します。「！」マークがついたときは同期に問題が起きているので、速やかにクリックして確認してください。
④共有機能に関連するお知らせがあるときにマークをつけて表示します。
⑤新しいノートを現在選択中のノートブック内に作成します。右端のボタンを長押しすると、最近使ったノートブックの中から指定してノートを作成します。
⑥ノートを共有する相手と新しくテキストチャットを行います。
⑦キーワードを入力してノートを検索します。

▶▶▶ 4.1.2
サイドバー

　ウインドウ左側の列を「サイドバー」と呼びます。脇に置く袖机を「サイドデスク」と呼びますが、「サイドバー」は脇に置くバーという意味です。
　サイドバーには、ノートやノートブックなどへのショートカットと、ノートを扱うときの大きな分類の切り替えなどがあります。いずれも、クリックするとその分類やノートブックなどを開きます。

①ノートやノートブックなどをここへドラッグ＆ドロップして登録します。よく使うものを登録しておくと便利です。詳細は8-1「よく使うものへすぐアクセス」で紹介します。
②最近編集したノートの一覧を表示します。自動的に登録されます。

③すべてのノートの一覧を右側に表示します。

④すべてのノートブックの一覧を右側に表示します。ノートブックについては6-1「ノートブックを整理する」で紹介します。

⑤使用されているすべてのタグの一覧を右側に表示します。タグについては6-2「タグでノートを整理する」で紹介します。

⑥位置情報が登録されているノートの一覧を右側に地図で表示します。

⑦特殊なノートブック「ゴミ箱」の中にあるノートの一覧を表示します。「ゴミ箱」については4-9「ノートを削除する」で紹介します。

⑧契約プランのアップグレードを行います。何もせずウインドウを閉じるには[esc]キーを押します。

⑨ノート共有する相手と行ったチャットの一覧を表示します。

サイドバーに表示する項目は変更できます。これには、[表示]メニューから[サイドバーのオプション]以下を選びます。

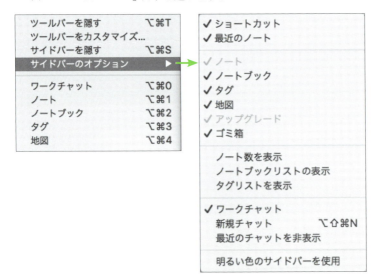

▶▶▶ 4.1.3
ノートの一覧

　画面中央では、ノートの一覧を表示します。ノートブックを切り替えたり、検索を行うと、該当するノートの一覧を表示します。

●ノートの一覧

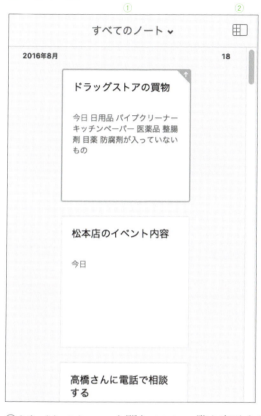

①クリックしてメニューを開き、ここに一覧を表示するノートブックを切り替えます。

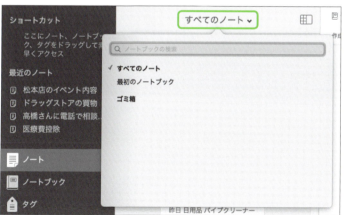

②クリックしてメニューを開き、ノート一覧と内容の表示形式を切り替えたり、並べ替える基準を指定します。

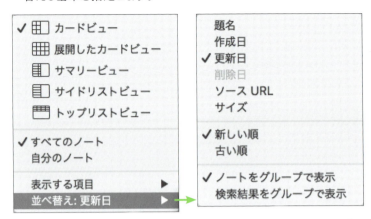

次の図は、別の表示形式の例です。

●ノート内容の先頭部分をつなげて表示する「サマリービュー」

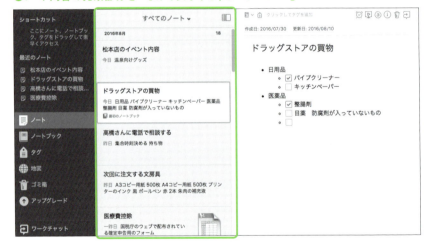

● **本文を省略して多くのノートを表示する「サイドリストビュー」**

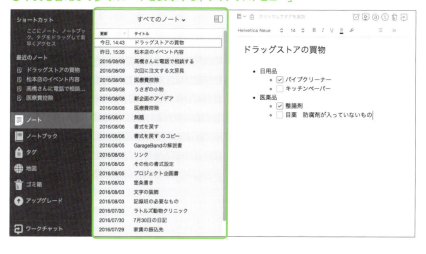

● **ノート情報を使った並べ替えがしやすい「トップリストビュー」**

　トップリストビューのように、作成日時などのノート情報を表示する形式では、表示する項目や順序を変更したり、並び替えを行えます。

　表示する項目を選ぶには、タイトル部分で[control]キーを押しながら項目名をクリックしてメニューを開きます。不要な項目を隠し、必要な項目を表示できます。なお、表示形式を切り替えるメニューの中に[表示する項目]がありますが、これは古いバージョンの名残ですので無視してください。

controlキーを押しながらこの範囲をクリックすると…

メニューが開いて表示する項目を選べる

　表示する項目の順番を入れ替えるには、その項目名を左右へドラッグ＆ドロップします。たとえば「タイトル」を左端に表示するには、「タイトル」を左端へドラッグ＆ドロップします。

　ある項目を使って並べ替えるには、その項目名をクリックします。また、昇順と降順を入れ替えるには、項目名を再度クリックします。たとえば更新日時順で並べ替えるには、「更新日」をクリックします。「更新日」をクリックするたびに、新しい順と古い順を切り替えます。

COLUMN

表示形式のおすすめは「サマリービュー」と「トップリストビュー」

ノート一覧と内容の表示形式には5種類ありますが、おすすめは「サマリービュー」または「トップリストビュー」です。

前者はMac内蔵の「メール」とよく似ていますし、ウインドウの左側から「大分類、小分類、ノートの内容」の順に進むのでわかりやすいでしょう。後者は、大量のノートを頻繁に並べ替えて扱いたい方に向いています。また、一覧と本文を上下に配置する形式は、以前のメールアプリに多く見られたもので、こちらのほうがなじむ方も多いことでしょう。

▶▶▶ 4.1.4
複数のウインドウを開く

　一度に複数のノートの内容を見比べたいときは、新しいウインドウを開いて操作します。

　内容だけを見比べるときは、ノート一覧でいずれかのノートを選択し、[ノート]メニューから[ノートを別ウインドウで開く]を選びます。このときは、1つのノートの内容を表示するだけの簡易的なウインドウを開きます。

●個別のノートの内容を見比べるには[ノートを別ウインドウで開く]

　該当するノートの一覧もあわせて見比べるときは、[ファイル]メニューから[新規Evernoteウインドウ]を選びます。このときは基本画面とまったく同じ構成のウインドウが新しく開きます。ウインドウごとに異なる操作ができるため、異なる条件で検索したり、異なるノートブックを開いて、一覧を比較できます。一覧の表示形式や並び順なども個別に指定できます。

●大量のノートを見比べるには[新規Evernoteウインドウ]

【第4章】Macでノートを取ろう

文章に書式を設定する

文章を使ったノートの書式を設定したり、
本文にさまざまな要素を
挿入する方法を紹介します。

文章でノートを取る方法は前章で紹介しましたが、さまざまな書式も設定できます。ただし、本格的な書式やレイアウトが必要なときはワープロなどを使い、Evernoteでは必要なものだけにかぎって使うのがよいでしょう。

▶▶▶ 4.2.1
書式を設定する流れ

書式を設定するには、各ノートの内容の範囲をクリックまたは選択して、内容を編集できる状態にしてから行います。主な書式は専用の本文用ツールバーから設定します。設定できない間は、ツールは隠されます。

ウインドウの幅が狭くてすべてのボタンを表示しきれないときは「>>」マークをクリックして表示します。

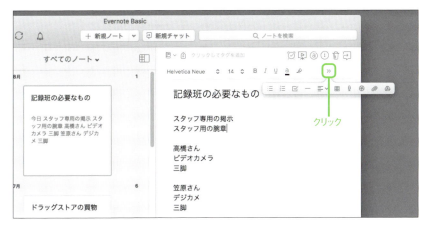

以降の手順はワープロなどで書式を設定するときと同じです。先に範囲を選んだり、挿入箇所をクリックしてから、装飾や挿入する項目を選びます。

▶▶▶ 4.2.2
フォントとサイズ

文字のフォントやサイズを変えるには、フォント名やサイズが書かれている項目をクリックして選びます。

●ノート本文のフォントやサイズを変える

フォント名には見慣れない名前が並んでいるように思うかもしれません。これらはすべて英語用のものですが、ほかのOSとの互換性から選ばれているようです。

インストールされているすべてのフォントの中から選びたいときは、[フォーマット]メニューから[フォントパネルを表示]を選んで指定します。ただし、ほかの端末で同じノートを表示したときに見栄えが大きく変わるおそれがあります。これを避けるには、本文で紹介したように本文用のツールバーから選択してください。

　新しくノートを作成したときに使われるフォントやサイズの基本設定を変えられます。これには、[Evernote]メニューから[環境設定…]を選び、「書式設定」ボタンをクリックして、「ノートテキスト」または「標準テキストノート」の右隣にある[選択]ボタンをクリックし、フォントパネルで指定します（両者の違いについては 4-2-9「書式を戻す」を参照してください）。ただし、異なる端末での見栄えをできるだけ保つためには、サイズだけの変更にとどめることをおすすめします。

●ノートで使うフォントやサイズの基本設定を変える

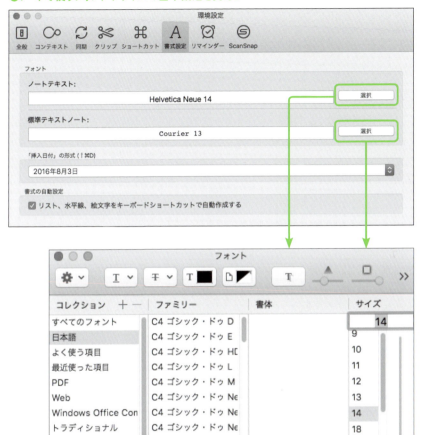

▶▶▶ 4.2.3
装飾

　文字に対してさまざまな装飾を1文字ずつ設定できます。文字の色を選ぶには、ボタンをクリックしてカラーパレットを開きます。「ハイライト」は、設定するたびに有無を切り替えます。

●文字の装飾を変える

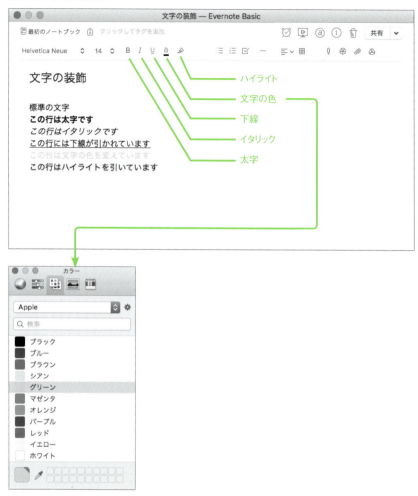

▶▶▶ 4.2.4
リスト

　リストには、番号が付かない「箇条書きリスト」と、通し番号が付く「番号付きリスト」があります。設定方法は同じです。

　内容を書く前にリストを指定（ボタンをクリック）してから1つずつ書いてもかまいませんが、まず内容を書いてあとからリストに整えることもできます。後者には、書

式を考えながら書くのではなく、まず書きとめることを優先できるという利点があります。手順は次のとおりです。

Step 1 一通りの内容を先に書き上げてから、リストにしたい範囲を選択します。

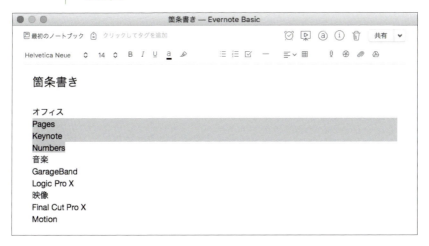

Step 2 「箇条書きリスト」または「番号付きリスト」のボタンをクリックします。すると、選択範囲がリストになります。

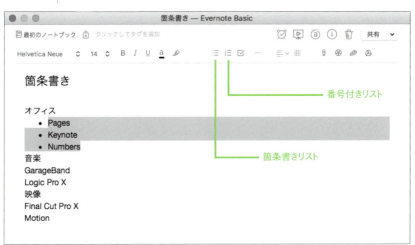

リストは階層構造にすることもできます。[tab]キーを押すごとに1段階深くなって右側へ移動し、[shift]+[tab]キーを押すごとに1段階浅くなって左側へ移動します。

●[tab]、[shift]＋[tab]キーを使って階層構造も作れる

　なお、リストの操作は、[フォーマット]メニューから[リスト]以下のコマンドを選んでも実行できます。すでにリストにした行を元へ戻すには、再度リストの指定をします。

> **COLUMN**
> **リストを多用する方は別のアプリも検討を**
>
> 　リストは広く一般的に使われる書式ですが、Evernoteのノート本文に書いたリストの項目を入れ替えるには、カット＆ペーストする必要があります。ドラッグ＆ドロップでは移動できません。操作方法として直感的ではなく、手順も面倒です。
> 　このようなリストの作成や順序の入れ替えを頻繁に使う方は、Wordのアウトラインモードや、「アウトライナー」「アウトラインプロセッサ」などと呼ばれるジャンルのアプリを使い、そのファイルを添付することも検討するとよいでしょう。

▶▶▶ 4.2.5
チェックボックス

　チェックボックスは、クリックするたびにチェックマークを入れたり外したりできるもので、買物やToDoなど、確認を兼ねたリストに適しています。
　設定方法はリストと同じです。先にチェックボックスボタンをクリックして、内容を書きながらボックスを作成してもかまいませんが、先に内容を書いて、あとから挿入することもできます。手順は次のとおりです。

Step 1 一通りの内容を先に書き上げてから、チェックボックスをつけたい範囲を選択します。

Step 2 「チェックボックス」のボタンをクリックするか、[フォーマット]メニューから[ToDoを挿入]を選びます。すると、選択範囲の先頭にチェックボックスが追加されます。

Step 3 チェックボックスをクリックするたびに、チェックマークを入れたり外したりします。

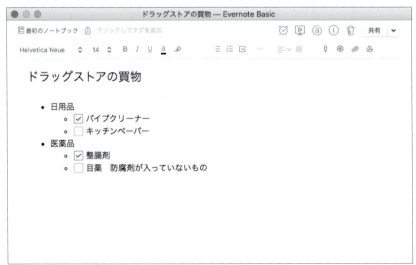

なお、チェックボックス自体を外すには、文字と同様に［delete］キーで削除するか、再度チェックボックスをつける操作を行います。チェックボックスはリストと併用できます。

●チェックボックスはリストと併用できる

▶▶▶ 4.2.6
表

表を挿入できます。ただし、機能はごく基本的なものにかぎられます。

Step 1 表を挿入したい位置をクリックします。

Step 2 「表」ボタンをクリックします。すると図のように小さなウインドウが開きます。

Step 3 枠内でマウスを動かして、作成したい行と列の数を指定します。たとえば図では、横4列、縦2行の表を指定しています。この間、マウスのボタンを押し続ける必要はありません。

Step 4 希望どおりに行と列を指定できたらクリックします。すると表が挿入されます。

Step 5 表の枠や太さなどを変更するには、表の中のどこかをクリックして、[フォーマット]メニューから[表]→[表のプロパティ...]を選び、ダイアログで設定します。

なお、Step3で[表のプロパティ...]をクリックすると、列および行の数と、プロパティを同時に指定して表を作成できます。

Step 6 表の列や行を追加または削除するには、表の中のどこかをクリックして、[フォーマット]メニューから[表]→[行を上に挿入][列を左に挿入][行を削除]などのメニューを選びます。

Step 7 表全体の幅を調節するには右端の罫線を、いずれかの列の幅を調節するにはその列の右側の罫線をドラッグします。

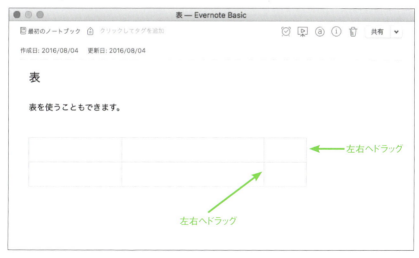

表そのものを削除するには、表の中のどこかをクリックして、[control]キーを押しながらクリックし、メニューから[表を削除]を選びます。または、表の直後をクリックして[delete]キーを2度押します。

表機能は定型書式に向く

表にはExcelのように一覧形式のデータを書き込むこともできますが、計算はできず、列や行を追加するだけでもメニューをたどる必要があるなど、操作性はよくありません。細かなデータを記録したり、列や行を頻繁に操作するときは、ExcelやNumbersで作成して、そのファイルをノートに添付することをおすすめします（これらのアプリから複数のセルを選択してコピー＆ペーストすることもできますが、ペーストしたあとの操作が面倒です）。

内蔵の表作成機能は、簡易的な段組みの目的に使うとよいでしょう。特に、列や行を増減させることがない、定型的なものが向いています。たとえばビジネス向けのノート術と呼ばれるもののなかには、課題を定型の枠に落とし込むテクニックが多く見られます。

このような、考えをまとめる目的にEvernoteを使うと、アイデアの見直しや追加がいつでもどこでもできるようになります。初めからWordやPowerPointなどで作り始めてしまうと特にモバイル端末では扱いづらくなりますが、アイデアをまとめる段階と、他人に見せる資料を作る段階では、使用するツールを変えると都合がよいこともあります。

▶▶▶ 4.2.7
リンク

文章にリンクとしてWebのアドレスを設定できます。

Step 1 文章を書き、リンクを設定したい範囲を選択します。

Step 2 [フォーマット]メニューから[リンク]→[追加...]を選び、ダイアログが開いたらURLを入力して[OK]ボタンをクリックします。

Step 3 リンクが設定されます。色が青く、下線が引かれた部分をクリックすると、Webブラウザを起動してURLを開きます。

　Webへのリンクを設定するにはもう1つ、本文にアドレスを直接記入する方法もあります。この場合、アドレスの前後はスペースで挟んでください。行頭または行末の場合は、スペースは不要です。スペースは全角と半角のどちらでもかまいません。

●本文にアドレスを直接記入すると、自動的にリンクが設定される

> **TIPS**
>
> リンクが設定されているノートを後述する「標準テキストノート」へ変換すると、リンクの設定だけでなく、リンクに設定したアドレスも失われます。URLは情報源として重要な場合があるため、本文内に直接記述する方法をおすすめします。

▶▶▶ 4.2.8
その他の設定

そのほかに設定できる書式を簡単に紹介します。

●その他の書式設定

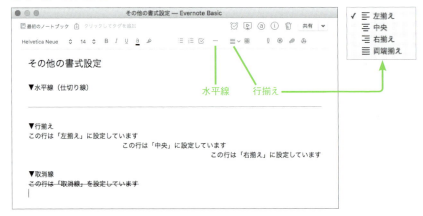

「水平線」は、幅いっぱいに仕切りの線を入れます。

「行揃え」は、指定した行を左右または中央にそろえます。なお、「両端揃え」は

おもに英文向けの機能で、単語の長さによって行の右端の位置が変わるときに、単語間の空きを調節して揃えるものです。

「取消線」は行の中央に横線を重ねるもので、［フォーマット］メニューから［スタイル］→［取消線］を選んで指定します。

なお、本文用ツールバーでは操作できないものに、上付き・下付き文字があります。これらの設定は、［フォーマット］メニューから［スタイル］以下を選んで行います。

COLUMN

目に見えるように削除する

過去に書いたノートの内容を更新する場合、不要になった部分を［delete］キーを使ってノートから削除してしまうと、後日見直したときに、以前は別の内容もあったことがわからなくなります。それでもかまわない場合もありますが、「いったん書いて、あとで消した」経過が見えるほうがよい場合もあります。

削除したことを残したいときは、次のような方法をおすすめします。

- 取消線を設定する。
- 水平線を挿入して「以下は削除」と書き、そのあとへカット＆ペーストで移動する。
- チェックボックスを1個挿入してチェックを入れる（作業が完了したときと同様に扱う）。

なお、プレミアムプランを契約すれば自動的に履歴が管理されますが、履歴を開く操作をしなければ気づかないままです。必要に応じて前記した手順も利用してください。

▶▶▶ 4.2.9
書式を戻す

設定した書式を元へ戻したいときや、ほかのアプリでコピーした文章をノートの書式に合わせてペーストしたいときの方法を紹介します。

一部の書式は、「スタイル」としてまとめて設定を外すことができます。これには、目的の範囲を選択して、［フォーマット］メニューから［スタイルを削除する］を選びます。この操作で書式を戻せるのは、フォント、フォントサイズ、文字の色、行揃えです。逆に言えば、太字、イタリック、下線、ハイライトの設定は、この操作では戻せません。

● [スタイルを削除する]を実行した結果

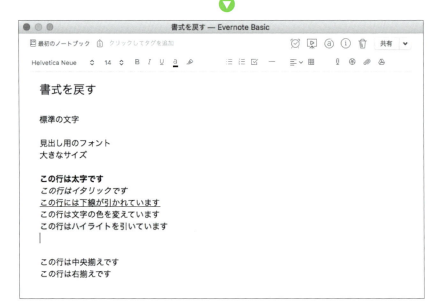

　[フォーマット]メニューには、[標準テキストにする]というコマンドもあります。これはノート自体を標準テキストにするもので、文章を残しつつ、すべての装飾や書式を削除します(添付ファイルは残ります)。

このコマンドでは、チェック済みのチェックボックスを「[x]」という文字で表現するなど、できるだけ内容を残して変換します。ただし、1つのノート全体に影響するので注意してください。なお、実行するときは、目的のノートの本文部分をクリックして内容を編集する状態にしてから操作します。

> **TIPS**
>
> 通常のノートと、標準テキストへ変換したときのノートの、基本的なフォントとサイズは、自分で設定できます。手順は4.2.2「フォントとサイズ」を参照してください。

一方、Webブラウザやワープロ書類など、書式が設定されている文章から一部分をコピーしてEvernoteへペーストすると、元の書式を引き継いでしまうために、ノートの中で一部分だけ異なる書式になってしまうことがあります。

ペースト時にノート側の書式に合わせたいときは、次の手順で操作してください。

Step 1 適当なWebページを開き、一部分を選択してコピーします。

選択してコピー

Step 2 Evernoteで新しいノートを作成し、[編集]メニューから[ペースト]を選ぶと、元の書式を引き継いでしまいます。

結果を確認したら、いったん[編集]メニューから[取消]を選んでください。

Step 3 [編集]メニューから[ペーストしてスタイルを合わせる]を選びます。すると、そのノートの標準的な書式に合わせられます。

ペーストしてノートを作成したあとから、そのノートの標準的な書式に合わせたいときは、その範囲を選択し、[フォーマット]メニューから[スタイルを削除する]を選びます。最初から[ペーストしてスタイルを合わせる]を選んだときと結果は異なりますが、元の状態と比べればずっとノートとして扱いやすくなります。

【第4章】Macでノートを取ろう

4-3 音声を録音する

音声を録音してノートに添付できます。

ほかのアプリを使わずに、音声を録音してノートに添付できます。音声専用のノートがあるのではなく、汎用のノートに音声ファイルを添付するものですので、複数の音声を添付できますし、文章や画像と混在させることもできます。ただし、良い音質で録音したいときは、別のアプリを併用してください。

Step 1 新しいノートを作るか、いずれかの既存のノートを開き、本文部分をクリックして本文用ツールバーを表示し、「音声を録音」ボタンをクリックします。

音声を録音

なお、新しいノートを作って録音するときは、［ファイル］メニューから［新規音声ノート］を選ぶと、Step2まで進めます。

Step 2 録音操作用のバーが現れます。レベルメーターを頼りに、ある程度の音量（入力レベル）があることを確かめてください。

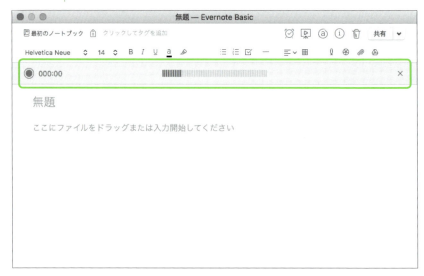

Step 3 Mac本体内蔵のマイクを使うとき、音量が低すぎる場合は、Appleメニューから[システム環境設定...]を選び、[サウンド]ボタン→「入力」タブの順にクリック、「入力音量」スライダーで調節します。

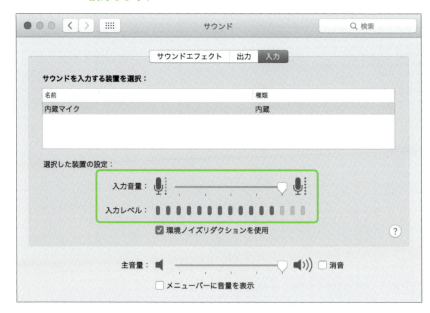

Step 4 録音を始めるには、録音操作用のバーの左端にある丸いボタンをクリックします。

クリック

Step 5 録音中はバー全体が赤くなり、左端のボタンが停止を示す四角形で表示されます。録音を終了するには、このボタンをクリックします。

バーの右端にある×をクリックすると、録音をキャンセルしてバーを閉じます。録音済みの部分は残らないので注意してください。

Step 6 ノートに音声ファイルが収められます。

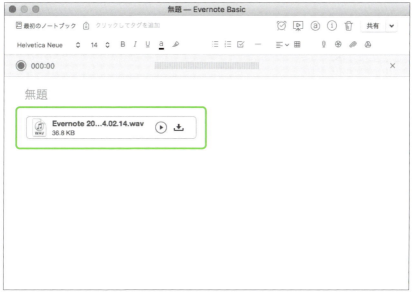

Step 7 再度丸いボタンをクリックすると、同じノートに次の録音を追加できます。

　録音操作用のバーを表示したままにしておくと、録音と文字入力を交互に行えます。録音中に入力することもできますが、Mac内蔵のマイクを使うときはキーボードを叩く音が録音されてしまいます。外付けマイクを使うか、録音中は入力を休んでください。

　ノートの中でファイルの位置を動かすには、音声ファイルのアイコンをドラッグ&ドロップします。

　公式アプリ内蔵機能を使った録音は、あまり音質が良くありません。キーボードからの入力が追いつかないときなど、簡易的なボイスメモと割り切って使うほうがよいでしょう。ただし、ファイルサイズは小さくおさえられます。

> **TIPS**
>
> 高い音質で録音したいときは、「QuickTime Player」など別のアプリを使って録音し、その音声ファイルをノートに添付してください（ファイルを添付する方法は4-5「ファイルを添付する」を参照）。ただし、音質が高くなるとファイルサイズも大きくなるので、モノラルにする、圧縮する、サンプルレートやビットレートを下げるなど工夫してください。

【第4章】Macでノートを取ろう

4-4 写真を撮影する

カメラが接続されているMacでは、写真を撮影してノートに添付できます。

ほかのアプリを使わずに、写真を撮影してノートに添付できます。写真専用のノートがあるのではなく、汎用のノートに画像ファイルを添付するものですので、複数の写真を添付できますし、文章や音声と混在させることもできます。ただし、良い状態で撮影したいときは、iPhoneやデジタルカメラなどを併用してください。

Step 1 新しいノートを作るか、いずれかの既存のノートを開き、本文部分をクリックして本文用ツールバーを表示し、[スナップ写真を撮影]ボタンをクリックします。

スナップ写真を撮影

なお、新しいノートを作って写真を撮影するときは、[ファイル]メニューから[新規FaceTimeカメラノート]を選ぶと、Step2まで進めます。

●写真を撮影する

Step 2 | 写真撮影用のダイアログが現れます。プレビューを見ながら構図を決めてください。撮影するには[スナップショットを撮影]ボタンをクリックします。

Step 3 | 撮影されると静止画で表示されます。この写真をノートに添付するには[使用]ボタンを、撮り直すときは[再度お試し下さい]ボタンをクリックします。

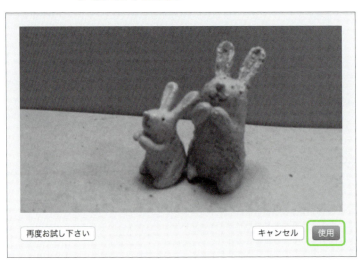

Step 4 ノートに写真が添付されます。

続けてほかの写真を撮影するには、手順を繰り返します。

　画質や撮影のしやすさなどから言えば利用する機会は少ないかもしれませんが、いざというときに活躍するかもしれません。

【第4章】Macでノートを取ろう

ファイルを添付する

Macのファイルをノートに添付できます。

▼ ▼ ▼ ▼ ▼ ▼

いま使用しているMacにあるファイルをノートに添付できます。1つのノートには複数のファイルを添付できますし、文章や画像と混在させることもできます。Evernote内蔵のノート編集機能では不足するときに使ってください。添付したファイルを別のアプリで直接開いて、編集して保存することもできます。

ファイルにノートを添付し、その内容を参照したり、編集する手順を紹介します。

Step 1 新しいノートを作るか、いずれかの既存のノートを開き、本文部分をクリックして内容を編集できる状態にします。

Step 2 Finderからファイルのアイコンをノートへドラッグ&ドロップします。

または、[ファイルを添付]ボタンをクリックするか、[ファイル]メニューから[ファイルを添付…]を選んで、ダイアログから選ぶこともできます。

Step 3 ファイルが添付されます。ファイル形式によって表示方法は変わります。

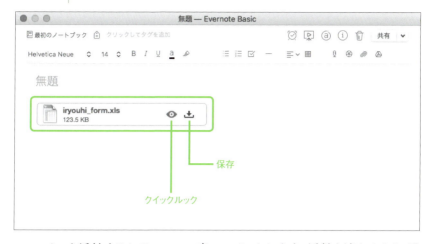

クイックルック
保存

ファイルを添付すると、Evernote内へコピーされます。添付を済ませたら、元のFinder上のファイルは削除してもかまいません。

Step 4 ファイルをアプリで開かずに、簡易的に内容を確かめるには、[クイックルック]をクリックします。

この機能は、Finderでファイルを選んでスペースキーを押したときに表示されるクイックルックと同じです。なお、ファイル形式によっては、内容をノート内に表示します。

Step 5 添付ファイルを再度Finderでファイルとして扱いたいときは、［名前をつけて保存...］をクリックします。するとダイアログが表示されるので、ファイル名と保存場所を指定してから［保存］ボタンをクリックします。

Step 6 添付したファイルを別のアプリケーションを使って開くには、添付したファイルのアイコンをダブルクリックします。必要に応じて、内容を参照または編集してください。

Step 7 添付ファイルを別のアプリケーションで編集したときは、忘れずに保存してください。トラブルを防ぐため、ウインドウも閉じてください。

▶▶▶ **4.5.1**
添付済みのファイルを操作する

　添付したファイルをノートから削除する方法にはいくつかありますが、文字と同様に、削除したい要素の直後をクリックしてから、[delete]キーを押すのが確実です。

　操作が難しいときは、題名をクリックしてから[tab]キーを押して本文の欄へ移動し、矢印キーを使ってカーソル（挿入位置を示す縦棒）を移動します。

　ノート内に文章などほかの要素があるときに、順番を入れ替えるには、アイコンや画像をドラッグ&ドロップします。ただし、種類によってはクリックするだけで動作するものもあるので、ほかの要素を移動して順番を入れ替えるほうが操作しやすいこともあります。

▶▶▶ **4.5.2**
アプリ終了時に警告が表示されたら

　ノートに添付したファイルを別のアプリで編集したとき、状況によっては、Evernoteアプリの終了時に次の図のようなダイアログが表示されることがあります。ファイルを確実に保存していれば問題はないので、[終了する]ボタンをクリックして終了してかまいません。

●別のアプリで編集後、このダイアログが現れたら必ず確認を

　保存を忘れていたときは、すぐに保存してください。もしも別のアプリで編集したあとに、ファイルを保存しないままEvernoteを終了してしまうと、場合によっては編集した内容を失うおそれがあります。

4.5.3
内容も表示するインライン表示

　一般的な形式の画像ファイルやPDFを添付すると、内容をノートの中に表示します。このような表示形式を「インライン」と呼びます。

●上のExcelファイルは「添付ファイルとして表示」、下のPDFファイルは「インラインで表示」

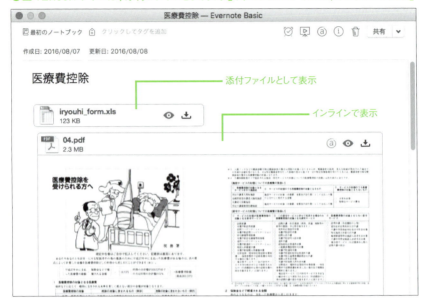

　インライン表示はファイルを操作しなくても内容が見える利点がありますが、ノート内にほかの要素があるときは読みづらくなることがあります。

　添付ファイルの内容を表示したくないときは、［control］キーを押しながら添付ファイルのアイコンをクリックし、メニューから［添付ファイルとして表示］を選びます。再度内容を表示したいときは、同じメニューから［インラインで表示］を選びます。

▶▶▶ 4.5.4
添付ファイルを開くアプリを選ぶ

添付ファイルを開くアプリケーションを選びたいときは、[control]キーを押しながら添付ファイルのアイコンをクリックし、[このアプリケーションで開く]以下から選びます。

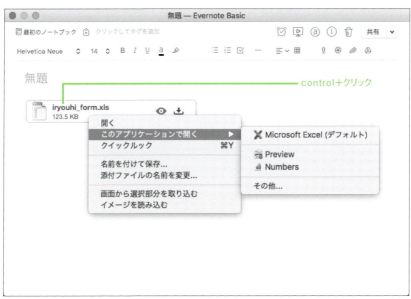

> 💡 **T I P S**
>
> ノート内のファイルアイコンをDockにあるアプリのアイコンへドラッグ&ドロップしてもかまいません。ただし、操作がやや難しくなるので、うまくいかないときは本文で紹介した方法を使ってください。

▶▶▶ 4.5.5
新しいノートを作って添付する

ファイルを添付したノートを新しく作るには、Finderでそのファイルのアイコンを表示し、DockにあるEvernoteのアイコンへファイルをドラッグ&ドロップします。このとき、Evernoteアプリが起動している必要はありません。ファイルを添付する機会が多い方は、EvernoteをDockに登録しておきましょう。

●新しいノートを作成してファイルを添付する

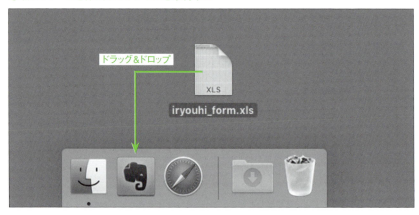

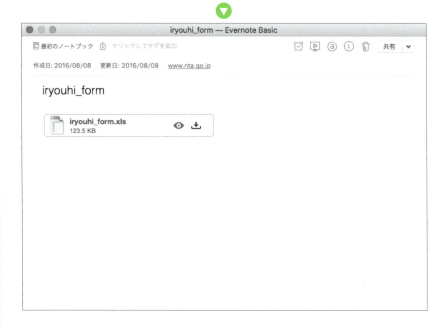

【第4章】Macでノートを取ろう
4-6 Googleドライブから添付する

Googleドライブのファイルへのリンクをノートに添付できます。

　Evernoteのノートに、Googleドライブに保存されているファイルへのリンクを添付できます。ファイルそのものは添付されないため、ノートのサイズを節約できます。

　Googleドライブとは、Googleが登録ユーザ向けに提供している、インターネット上でファイルを保存・編集できるサービスです。利用するにはGoogleアカウントが必要です。Gmailを使っている方はすでにGoogleアカウントを持っているので、サインインするだけですぐに使えます。

　容量は、GoogleフォトおよびGmailとの合算になりますが、無料で15GB利用できます。料金を支払えば、容量を追加することもできます。Googleドライブの公式の案内は下記URLから参照してください。

●Googleドライブ
https://www.google.com/intl/ja_jp/drive/
Googleドライブからファイルを添付する手順は次のとおりです。

Step 1 新しいノートを作るか、いずれかの既存のノートを開き、本文部分をクリックして内容を編集できる状態にします。

● Googleドライブから添付する

Step 2
本文用ツールバーの[Googleドライブからファイルを添付]ボタンをクリックします。

Step 3
Googleアカウントを入力し、[次へ]ボタンをクリックします。

Step 4 パスワードを入力し、[ログイン]ボタンをクリックします。

Step 5　Evernoteからのアクセスを許可してよいか尋ねられたら、[許可]ボタンをクリックします。

[許可]ボタンが表示されていないときは、下へスクロールしてみてください。

Step 6　ファイル選択のダイアログが開いたら、リンクを添付したいファイルをクリックして選び、[Select]ボタンをクリックします。

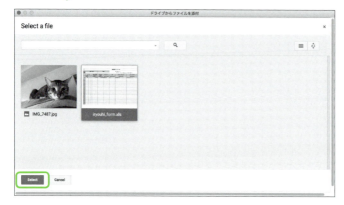

Step 7 ノートにリンクが添付されます。

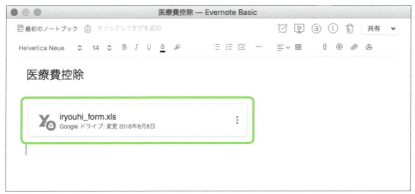

ファイルのアイコンにはGoogleドライブのアイコンがつけられるので、通常のファイル添付と区別できます。

Step 8 リンクが添付されたファイルの内容を表示・編集するには、アイコンをクリックします。するとWebブラウザへ切り替え、Googleドライブでファイルの内容を表示ます。

編集するには、さらに編集アプリへ切り替えてください。たとえば表計算ファイルの場合は「Googleスプレッドシート」ですので、[Googleスプレッドシートで開く]をクリックします。

▶▶▶ 4.6.1
Googleドライブを併用する理由

　ファイルを添付するなら、そのままEvernoteのノートに保存すればよいように思えます。しかし、Googleドライブを併用すると、次のような利点があります。

- **【容量】** もともとEvernoteは断片的なノートを前提にしたサービスであり、大きなサイズのファイルを大量に保存する用途には向いていません。一方Googleドライブはそのような用途に向いているため、互いに補完的に機能します。
- **【編集機能】** Evernoteには添付されたファイルを編集する機能がありません。一方Googleドライブでは、Word、Excel、PowerPointなどの形式のファイルを編集できます。マイクロソフト製のオフィス向けアプリに比べると機能は少ないため、完全な代替品にはなりませんが、ある程度用途を限定すれば十分実用的です。
- **【専用アプリ】** Googleドライブには、Mac向けにはファイル同期用のアプリが提供されています。iPhone・iPad向けには、ファイル管理用アプリにくわえて、ワープロ、表計算、プレゼンテーション用ファイルの作成・編集用アプリが提供されています。アプリはすべて無料です。

COLUMN

直接添付とGoogleドライブの使い分け

ノートに直接ファイルを添付する方法と、Googleドライブへアップロードしてリンクを添付する方法は、両者の特性を考えて使い分けるとよいでしょう。すなわち、内容を編集する必要がないPDFや画像は添付、編集する可能性があるオフィス向けアプリのファイルはGoogleドライブをおすすめします。なお、PDFや画像にはEvernote内蔵機能で注釈を書き込むことができます。詳細は8-4「画像やPDFに注釈を描き込む」で紹介します。

ただし、形式にかかわらず、サイズが小さなものは添付、大きなものはGoogleドライブがよいでしょう。境とする目安は特にありませんが、iPhoneやiPadのようなモバイル端末を活用している方であればやや小さめの3MB、Macのみで使う方は容量に余裕があるので10MB程度でもよいでしょう。通信環境や添付ファイルの使用頻度なども考慮してください。

【第4章】Macでノートを取ろう

ノート情報の編集

ノート自体にさまざまな情報をつけられます。

それぞれのノートは、ノートの本文や添付ファイルとは別に、ノート自体の情報を持っています。自動的につけられるものも多くありますが、必要に応じて書き換えると、ノートを整理するときに便利です。

ノートの情報を確認・編集するには、ノートの内容を表示してから、表示領域の右上にある［ノート情報］ボタンをクリックします。または、ノート一覧表示でノートを選択して［ノート］メニューから［ノートの情報を表示］を選びます。

●ノートの情報を表示・編集

●ノート情報の編集

それぞれの項目の意味は次のとおりです。
- **題名**：ノートの題名です。この画面で書き換えることもできます。
- **ノートブック**：このノートが収められているノートブックです。この画面で別のノートブックへ移動することもできます。
- **タグ**：このノートに設定されたタグです。タグについては6-2「タグでノートを整理する」で紹介します。
- **作成日**：このノートが作成された日時です。変更するには、表示されている数字だけを選んで書き換えるか、「2016 8 1 13 0」のように、スペースで区切って年月日と時分を入力します。数字とスペースは全角でもかまいません。
- **更新日**：このノートが最後に更新された日時です。変更する方法は「作成日」と同じです。
- **URL**：このノートに関連するURLです。任意のアドレスを登録できますが、Webからスクラップしたり、ダウンロードしたファイルを添付すると、自動的に登録されます（情報を取得できる場合）。右隣にある「サイトの表示」をクリックすると、Webブラウザへ切り替えてこのアドレスを開きます。

- **位置情報**：このノートに関連する位置情報です。位置情報サービスの利用を許可していると、作成時に自動的に登録されます。右隣にある三角形のマーク（コンパスのマーク）をクリックすると、現在の位置情報を登録します。任意の場所を指定するには、「神奈川県川崎市……」のように住所を入力します。一部だけ入力された場合は、最も似ていると判断された住所へ変換されます。
- **同期の状態**：クラウドとの同期の状態を示します。ユーザは変更できません。
- **画像のステータス**：画像に含まれている文字を解析する作業の進行状況を示します。詳細は6-4-2「画像の内容を検索する」で紹介します。
- **サイズ**：ファイルサイズ、文字数などを示します。
- **作成者**：このノートを作成したユーザです。任意に書き換えられます。
- **履歴**：「履歴を表示」をクリックすると、このノートの履歴を表示します。ただし、履歴の確認にはプレミアムプランの契約が必要です。

 T I P S

位置情報を編集するには、緯度と経度を「51°28′38N 0°0′0E」のように直接入力したり、地図アプリで使われるSLLパラメータと呼ばれる値を使って「38.897517,-77.036542」のように入力することもできます。いずれも、確定後は自動的に住所へ変換されます。

COLUMN ノート情報の使い方

ノート情報の多くの項目は、ユーザが自由に書き換えられる点に注意してください。ほとんどの場合、作成日時や位置情報は自動的に登録されますが、作成された日時や場所を証明するものではありません。

用途の一例として、並び順や分類など、ノートの整理があげられます。たとえば、来年の日時を指定すると、ノートを作成日時順で並び替えたときに、そのノートが常に先頭（または末尾）に表示されます。観光や出張で訪問するスポット情報をノートに記録し、位置情報にその所在地を指定すると、出発前からその一覧が地図で見られます。

【第4章】Macでノートを取ろう

リマインダーを設定する

ノートごとにリマインダーを設定できます。

ノートごとに、指定日時になるとお知らせするリマインダーを設定できます。ただし、本格的なスケジュール管理には向きません。

Step 1 新しいノートを作るか、いずれかの既存のノートを開きます。

Step 2 ウインドウ右上にある時計のアイコンをクリックします。

リマインダー

Step 3 | 時計のアイコンの[日付を追加]ボタンをクリックします。

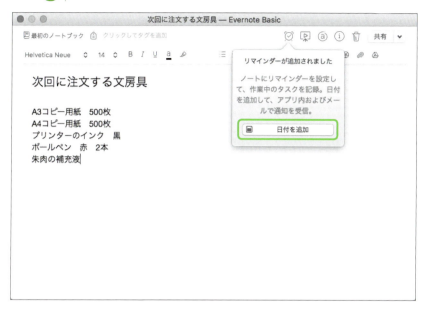

Step 4 | [明日]、[1週間後]、またはカレンダーで日付をクリックして、通知してほしい日付を指定します。時刻を変えるには、時刻の欄をクリックして書き換えます。

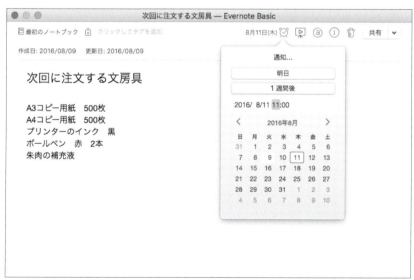

Step 5 [return]キーを押して確定すると、リマインダーの日付が設定されます。

リマインダーが設定されると、時計のアイコンの色が変わります。表示の幅に余裕があるときは、日付も表示されます。

Step 6 最初にリマインダーを設定すると、「ノートの期日にリマインダーメールを受け取りますか？」という表示が現れます。受け取りたいときは[はい]をクリックします。

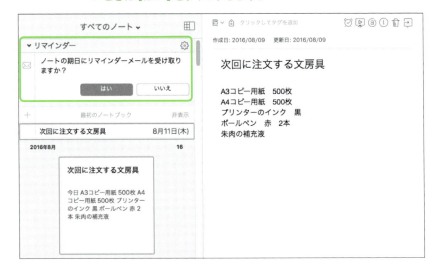

　メールによるお知らせは、期日の午前中とされています。このため、時刻を厳密に指定したいときや、今日中の時刻を指定したいときには不向きです。この設定を変更するには、[Evernote]メニューから[環境設定…]を選び、[リマインダー]ボタンをクリックし、「リマインダーメールを受信」のチェックを切り替えます。

　なお、Macが起動していなくても、常時電源が入っているiPhoneやiPadでもEvernoteを使って同期していれば、そちらでお知らせが表示されるので、必ずしもメールにこだわる必要はありません。

Step 7 リマインダーが設定されたノートの一覧は、基本画面のノート一覧の先頭に表示されます。

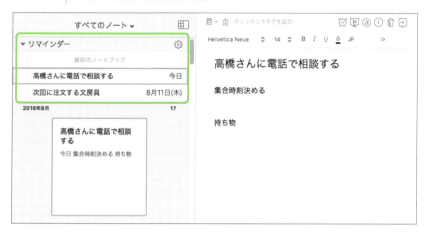

Step 8 指定した日時になると、OS標準の通知機能でお知らせが表示されます。通知をクリックするとリマインダーを設定したノートを開きます。

　表示が消えた通知を調べるには、ディスプレイ右上の角をクリックして通知センターを開き、「通知」タブへ切り替えます。

Step 9

用件を済ませたノートは、ノート一覧表示でチェックするか、ノートの時計のアイコンに併記された日付をクリックして、実行済みのマークをつけます。

お知らせを表示したあとも、実行済みとしてチェックするか、リマインダーの設定を削除するまで、リマインダーは設定されたままになります。

リマインダーの設定を削除するか、一度設定した日時を変更するには、再度時計のアイコンをクリックしてから操作します。

●設定済みのリマインダーを操作する

時計のアイコンをクリック

▶▶▶ 4.8.1
リマインダーつきのノートを新規作成する

　ノート一覧表示に「リマインダー」の欄があるときは、ノートブック名の左隣をクリックするか（ポインタを重ねると+マークになります）、「（ノートブック名）にリマインダーを追加」の欄をクリックすると、表示を変えずにリマインダー付ノートの題名を記入し、[return]キーを押してノートを作成できます。ただし、リマインダーの日時を設定するには、個別のノートから操作する必要があります。

●リマインダーつきのノートをすばやく作成する

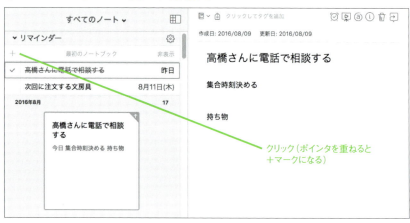

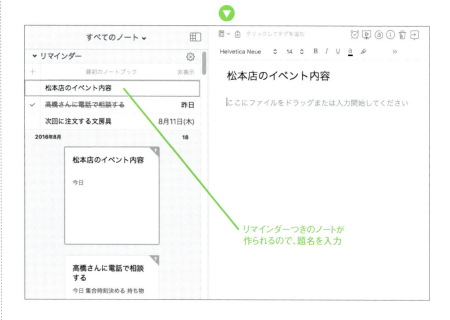

COLUMN

内蔵リマインダーが適した用途は？

Evernote内蔵のリマインダー機能は、本格的なスケジュール管理には向きません。繰り返しや、初期設定の時刻を設定できないからです。また、メールを使ったお知らせが「当日の午前中」となっていることから考えると、日程に余裕のある用件でなければ見逃してしまうおそれもあります。

内蔵のリマインダー機能は、通知を見てすぐにEvernoteのノートを開きたい用件や、ノートとの関連が強い用件がよいでしょう。たとえば、電話で何かを相談しようとしたとき、「15時に電話を下さい」と指定されたとします。相談する内容をノートに書いて15時にリマインダーを設定すれば、ノートを見ながらの相談がスムーズに進むでしょう。

もう1つは、リマインダーの日時を特に設定せず、ノートの題名だけを書いて、あとで内容を作成する目印として使ってもよいでしょう。つまり、多くのアプリが備える汎用の目印である「お気に入り」や「スター」の代用です。リマインダーを設定しておくとノートの一覧に表示されるので、締切の時刻が厳しく決められていないToDoリストとして使えます。たとえば、「帰社したら、このノートに報告書の内容を整理する」「注文したい商品を次々と書きためておき、送料無料になるまで待つリスト」などの用途に使えます。

ただし、リマインダーを設定したノートの一覧が表示されるのは、そのノートが含まれるノートブックの一覧を表示しているときだけです。複数のノートブックを使い分けるようになったときは注意してください。

【第4章】Macでノートを取ろう

4-9 ノートを削除する

ノートを削除するには、ゴミ箱へ移したあとに、ゴミ箱を空にします。

▼ ▼ ▼ ▼ ▼ ▼

　不要になったノートは速やかに削除しましょう。むだなノートがあると同期に余計な時間がかかってしまいます。

　ノートを削除するには、いったん「ゴミ箱」へ移し、ゴミ箱を空にすることで完全に消去するという、2段階の手順を取ります。MacのFinderでファイルを削除するときと同じです。実際の手順は次のとおりです。

Step 1 不要になったノートを表示し、そのノートの右上に表示されているゴミ箱アイコンをクリックするか、一覧表示でクリックして選択してから[command]+[delete]キーを押します。

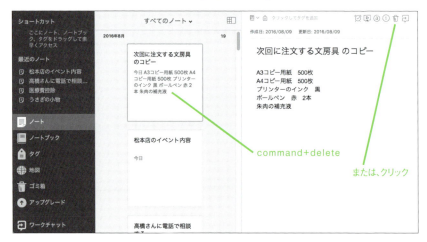

command+delete

または、クリック

　複数のノートをまとめて選択するには、1つずつクリックして選択するときは[command]キーを押しながらクリックします。連続して並んでいるノートをまとめて選択するときは、片方の端にあるノートをクリックし、もう片方の端にあるノートを[shift]キーを押しながらクリックします。

Step 2 サイドバーの[ゴミ箱]をクリックします。すると「ゴミ箱」の中にあるノートの一覧を表示します。

「ゴミ箱」も実はノートブックの1つです。サイドバーの「ノートブック」をクリックし、ノートブック一覧の「ゴミ箱」をダブルクリックして開いても、「ゴミ箱」の中にあるノートを表示します。

Step 3 ゴミ箱にあるノートを元のノートブックへ戻すには、ノートの表示の右上にある[ノートを復元]ボタンをクリックします。すると図のようなダイアログで確認を求められるので、[ノートをノートブックに復元]ボタンをクリックします。

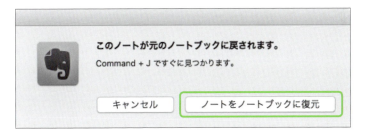

この操作も、複数のノートをまとめて選択して操作できます（見栄えは異なりますが、[ノートを復元]のボタンが表示されます）。選択方法はStep1と同じです。

Step 4 ゴミ箱にあるノートを1つずつ選んで削除するには、各ノートの右上にある[完全に削除]ボタンをクリックします。すると図のようなダイアログで確認を求められるので、[ノートを完全に削除]ボタンをクリックします。

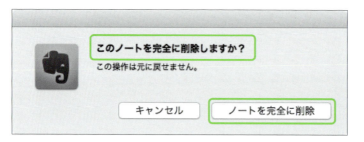

Step 5 ゴミ箱にあるすべてのノートを完全に削除するには、サイドバーにある「ゴミ箱」アイコンを[control]キーを押しながらクリックし、メニューから[ゴミ箱を空にする...]を選びます。すると図のようなダイアログで確認を求められるので、[すべてを完全に削除]ボタンをクリックします。

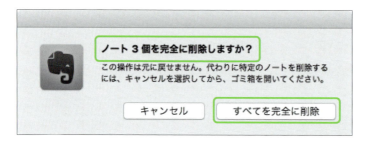

　ゴミ箱を空にすると、それまでゴミ箱にあったノートは復元できません。本当にゴミ箱を空にしてよいか、よく検討してください。通常のノートブックとは分けておきたいものの、まだ完全に削除したくないノートがあるときは、「削除保留」などの名前のノートブックを作って移動しておくと、確実に不要なノートと区別して扱えます。

　なお、「ゴミ箱」ノートブックにあるノートも同期されます。「ゴミ箱」に大量のノートを入れたままにしておくと、同期に余分な時間がかかるおそれがあります。「ゴミ箱」は適宜空にしましょう。

【第5章】

Evernote Guidebook

Macで もっとノートを取ろう

Macを使って、
公式アプリ以外の手順でノートを取る方法を紹介します。
基本操作を覚えたあとは、
この章で紹介する方法をおすすめします。

【第5章】Macでもっとノートを取ろう

5-1 Webページを取り込む

Webページをノートとして取り込めます。
ページ全体はもちろん、ページの主要部分だけ、
指定部分だけという指定もできます。

▼ ▼ ▼ ▼ ▼ ▼

　WebページをEvernoteのノートとして取り込めます。必要な部分を手作業でコピー&ペーストしてもノートは作れますが、Webブラウザに機能拡張「Webクリッパー」を追加すると、操作がラクになるだけでなく、ページから主要部分を自動的に抜き出せるなど、さまざまなメリットがあります。この機能拡張は無料です。

C　　O　　L　　U　　M　　N

Webの記事はいつかなくなる

Webは膨大な情報源ですが、一度読んだはずのページをあとで探しても見つけられなくなったことはありませんか。同じキーワードの新しいページに埋もれてしまったり、短期間のうちに削除されてしまったり、場合によってはWebサイトごとなくなってしまうこともあります。しかし、気になったWebページをEvernoteで保存しておけば、このようなことはなくなります。

また、Evernoteのノートは、WebブラウザでWebと同時に検索できます（5.1.7「Web検索と併用する」を参照）。関心のあるページをあらかじめ取り込んでおけば、Web全体ではなく、過去に自分が関心を持ったページの中から探せるので、目当てのページへ効率よくたどり着けます。ほかにも、「タグ」や「コメント」として自分の覚え書きもつけられるので、整理がしやすくなります。

▶▶▶ **5.1.1**
Webクリッパーをインストールする

　最初に「Webクリッパー」をインストールします。ここではMacで標準として使われる「Safari」を使います。Webクリッパーは「Chrome」「Firefox」などにも対応しますが、Webブラウザごとにインストールする必要があるので、それぞれに以下の手順を行ってください。

Step 1　Webブラウザの「Safari」を起動し、配布ページのURL「http://evernote.com/webclipper/」を指定して開きます。

　URLの入力が面倒なときは、検索サービスへアクセスして「Evernote Webクリッパー」のキーワードで検索してください。その際は、リンク先のURLがEvernote社のものであることを確認してください。

Step 2　「WEBクリッパーFOR SAFARIをダウンロード」のボタンをクリックします。すると、必要なファイルがダウンロードされます。

Step 3 「ダウンロード」フォルダを開き、「Evernote.6.9.safariextz」ファイルをダブルクリックします。

「6.9」はバージョンですので、将来は更新されて数字が変わることがあります。

Step 4 「Safari」の「Safari機能拡張」ウインドウが自動的に開き、図のように確認を求められます。[信頼]ボタンをクリックしてください。

Step 5 インストールが終わると、「機能拡張」のカテゴリに「Evernote Web Clipper」が自動的に登録されます。続けて、左下の「アップデート」をクリックします。

Step 6 「Evernote Web Clipper」が表示されたときは、[アップデート]ボタンをクリックします。

Step 7 図のように「……Safari機能拡張ギャラリーからインストールしますか?」と尋ねられたら、[ギャラリーからインストール]ボタンをクリックします。

Safariの機能拡張は、開発元と、Appleが運営する「Safari機能拡張ギャラリー」（英語のみ）の両方で配布されていることがあります。後者からインストールしておくと、以降は自動的に更新されます。

Step 8 「機能拡張」のウインドウを閉じます。「アップデート」の欄が消えないうちに閉じてもかまいません。

Step 9 「Safari」のツールバーにEvernoteのゾウのアイコンを描いたボタンが表示されます（以後、「Webクリッパーボタン」と呼びます）。これでインストールは完了です。

▶▶▶ 5.1.2
Webクリッパーを使う

　Webクリッパーを使ってWebページをEvernoteのノートとして取り込んでみましょう。最初に1度だけ、サインインする必要があります。

Step 1 ノートへ取り込みたいWebページを開き、「Webクリッパー」ボタンをクリックします。

Step 2 表示に従ってEvernoteアカウントのメールアドレスとパスワードを入力し、[サインイン] ボタンをクリックします。

クリック

　サインインが必要なのは、初めて利用するときだけです。次回からは、このステップは不要です。

Step 3 サインインに成功すると図のようなダークグレーの画面がWebブラウザの右上に開きます。これが「Webクリッパー」の基本画面です。「記事」にマークがついていることを確かめてから[保存]ボタンをクリックします。

「記事」にマークがついていないときは、「記事」をクリックしてから[保存]ボタンをクリックします。これらの設定の詳細は後述します。

なお、ノートへ取り込まずにWebクリッパーを終了するには、右上の×アイコンをクリックします。

●Webページを取り込む

Step 4 進行状況に応じて「クリップ中」「同期中」と表示が変わり、最後に「クリップしました」と表示されたら、Webクリッパーの右上にある×マークをクリックして閉じます。これで取り込みは完了です。

クリック

「クリップしました」と表示されるまで、ウインドウを閉じないでください。

Step 5 Evernoteアプリへ切り替えて、ノートを確かめてください。いまWebページから取り込んだノートがないときは、手動で同期してください。

上の図はやや表示が乱れていますが、対策法は5.1.5「レイアウトが崩れた場合」で紹介します。

Webクリッパーを使ってWebページを取り込むと、その内容は直接クラウドへ登録されます。手元のMacにあるEvernoteアプリではありません。そのため、取り込んだ内容をすぐにEvernoteアプリで読むには、クラウドと同期する必要があります。

ただし、ほかの端末で作成したノートと同様に、一定時間が経過すれば自動的に同期されます。急ぐ必要がないときは、手動で同期しなくてもかまいません。

 T I P S

Webクリッパーを使ってノートを作成すると、ノート情報の「URL」にWebページのURLが登録されます。あとから情報源を確かめるには、ノート情報を参照してください。

▶▶▶ 5.1.3
Webクリッパーの基本画面

　もう一度「Safari」のツールバーにあるWebクリッパーを起動し、基本画面を見てみましょう。

●**Webクリッパーの基本画面**

① ノートの題名です。Webページのタイトルが使われますが、クリックして書き換えられます。

② 名称をクリックして取り込み方法を切り替えます。それぞれの特徴は後述の5.1.4「取り込み方法を選ぶ」で紹介します。

③ クリックして保存先のノートブックを切り替えます。このメニューから新しいノートブックを作ることもできます。ノートブックについては6-1「ノートブックを整

理する」で紹介します。

④ノートにつけるタグを指定します。タグについては6-2「タグでノートを整理する」で紹介します。

⑤ノートにつけるコメントを記入します。記入した場合はノートの先頭に表示され、Webページの内容とは水平線で区切られます。

⑥Webクリッパーの設定を変更します。詳細は5.1.6「オプションを設定する」で紹介します。

▶▶▶ 5.1.4
取り込み方法を選ぶ

Webクリッパーの「クリップ」の欄には、5種類の取り込み方法が表示されています（実はほかの方法もあります）。これを使い分けると、Webページのコピーを取るだけでなく、ノートを読みやすくしたり、必要なデータ量をおさえるためにも役立ちます。

それぞれの特徴を順に紹介します。Webブラウザの表示は、実際に作成するノートのプレビューになるので、取り込み方法を変えながら表示を見比べてください。

● 「記事」の設定

「記事」は、メニューや広告などを除いた主要部分のみを取り込む設定です。記事とみなされる範囲は自動的に判断されます。

●Webページを取り込む

　表示を確認して、必要な部分が不足している、または、余計な部分が含まれているときは、その範囲の上端または下端にある「＋」または「－」ボタンをクリックすると、範囲を段階的に伸縮します。［保存］ボタンをクリックするまでプレビュー表示は維持されるので、このままスクロールして範囲を確認し、調節してください。

●「－」ボタンをクリックして範囲を縮小した例

●「選択範囲」の設定

取り込む範囲を限定するには、Webクリッパーを起動する前にあらかじめその範囲を選択しておきます。するとWebクリッパーには6番目の方法である「選択範囲」が選ばれます。

　そのまま［保存］ボタンをクリックすると、緑色で選択された範囲がノートへ取り込まれます。範囲が選択されていないときは、「選択範囲」の設定は表示されません。

●「簡易版の記事」の設定

　取り込む範囲を主要部分に限定し、さらにレイアウト情報も削除して単純化するには「簡易版の記事」を選びます。太字などの文字装飾、リンク、画像などは残ります。記事が複数のページに分かれていて、自動的認識されたときは、ページを連結して1つのノートにまとめます。長文の記事があるページに向いています。

　取り込む範囲は自動的に判断されます。「記事」とは異なり、範囲の調節はできません。

● 「ページ全体」の設定

　「ページ全体」は、ページ全体をそのまま取り込む設定です。ページ全体に枠がついて、取り込む範囲を示します。

● 「ブックマーク」の設定

「ブックマーク」は、URL、サムネール画像、本文の抜粋を小さくまとめる設定です。作成されるノートは、プレビューで確認できるとおりです。

● 「スクリーンショット」の設定

●Webページを取り込む

クリック

ここまでドラッグ

メモ（注釈）書き込みツール

　「スクリーンショット」は、ウインドウの表示をテキストではなく、画像として取り込む設定です。表示に従ってウインドウの中でクリックすると全体を、または、ドラッグすると囲った範囲を1つの画像へ変換します。

　この設定では画像中にメモを書き込むこともできます（8-4「画像やPDFに注釈を描き込む」参照）。また、設定中にページをスクロールすることはできますが、取り込めるのは画面に表示されている部分にかぎられるため、必要に応じて画面を見ながら調節してください。

> **TIPS**
>
> Gmail、Amazon、YouTube、LinkedInのWebサイトでWebクリッパーを使うと、自動的に各サイトに最適化された取り込み方法が使われます。各サイト専用の「簡易版の記事」と考えてください。ただし、初期設定として選ばれるだけですので、ほかの取り込み方法へ切り替えることもできます。

▶▶▶ 5.1.5
レイアウトが崩れた場合

「記事」「選択範囲」「ページ全体」の設定では、Webページをそのまま再現しようとします。しかし実際には、レイアウトが崩れて読みづらくなることがあります。

その場合は、取り込まれたノート本文をクリックし、[フォーマット]メニューから[スタイルを削除する]を選んで、ノート全体のスタイルを削除してみてください（何も選ばなければ、全体が対象になります）。ほとんどの場合、これだけでも内容が読みやすくなります。

●レイアウトが崩れた場合はスタイルを削除

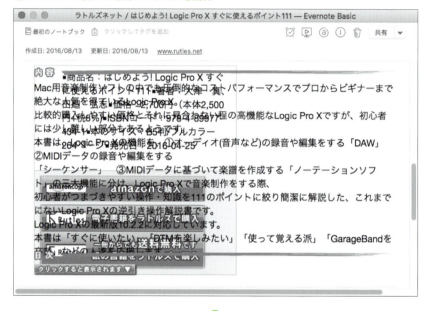

```
●●●            ラトルズネット / はじめよう! Logic Pro X すぐに使えるポイント111 — Evernote Basic
 最初のノートブック       クリックしてタグを追加

 Helvetica Neue      14      B  I  U   a           

内容
Mac用音楽制作ソフトの中でも圧倒的なコストパフォーマンスでプロからビギナーまで絶大な人
気を得ているLogic Pro X。

比較的購入しやすい価格とそれに見合わない程の高機能なLogic Pro Xですが、初心者には少し難
しい部分もあるようです。

本書は、Logic Pro Xの機能を、①オーディオ(音声など)の録音や編集をする「DAW」　②MIDIデ
ータの録音や編集をする

「シーケンサー」　③MIDIデータに基づいて楽譜を作成する「ノーテーションソフト」の三大機
能に分け、Logic Pro Xで音楽制作をする際、

初心者がつまずきやすい操作・知識を111のポイントに絞り簡潔に解説した、これまでにない
Logic Pro Xの逆引き操作解説書です。

Logic Pro Xの最新版10.2.2に対応しています。

本書は「すぐに使いたい」「DTMを楽しみたい」「使って覚える派」「GarageBandを卒業」など
```

COLUMN

Webからの取り込みは「簡易版の記事」と「選択範囲」がおすすめ

Webクリッパーの設定は用途によって使い分けるのが理想的ですが、通常は読みやすい「簡易版の記事」、特に必要な部分がかぎられているときは「選択範囲」がおすすめです。

長文の場合は、1つの記事が複数のページに分かれていることがあります。この場合、1ページ目を開き「簡易版の記事」で取り込むと、後続のページも連結して1つのノートにまとめてくれます。

ただし、「簡易版の記事」の設定は、すべてのWebサイトで必ず期待通りに機能するとはかぎりません。特定の段落が欠けてしまったり、後続のページが読み込まれないこともあります。これはWebページの作り方とも関係するため、Webクリッパーだけが問題というわけではありません。

このようなときは、Webサイト側の機能を使うと対応できることがあります。たとえば、全ページを1ページに連結して表示したり、印刷用に簡略したページへ切り替えられる機能は、長文の記事を掲載するサイトではよく見られます。これらのページへ切り替えてからWebクリッパーを起動してください。このとき、ツールバーが非表示に切り替えられることが多いので、Webクリッパーを起動するキーボードショートカットを覚えやすいものへ変えた上で、キーボードから起動できるように覚えておきましょう。

●複数ページに分かれている記事を多く掲載するWebサイトには、1ページにまとめて表示する機能が用意されていることも多い

どうしても期待通りに取り込めないときは、「記事」や「ページ全体」の設定で1ページずつ取り込み、あとでノートを統合するなどの方法が考えられます。

▶▶▶ 5.1.6
オプションを設定する

　Webクリッパーの動作は、基本画面にある「オプション」をクリックして設定できます。操作に慣れてきたら、取り込み操作に感じる負担を少しでも減らすために、好みに合わせて変えてください。設定を終えたら、右下の［完了］ボタンをクリックして基本画面へ戻ります。

●Webクリッパーのオプション

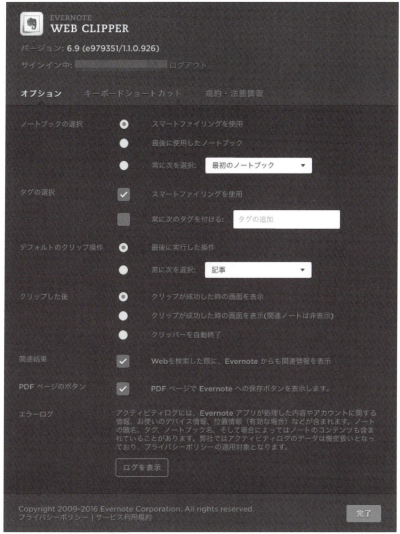

- 「**ノートブックの選択**」：保存先のノートブックを選びます。「スマートファイリングを使用」を選ぶと、過去に取り込んだ記事と照合し、内容に合わせて自動的に選択します。手動による変更もできます。
- 「**タグの選択**」：ノートに追加するタグを選びます。「スマートファイリングを使用」を選ぶと、過去に取り込んだ記事と照合し、内容に合わせて自動的に選択します。手動による変更もできます。
- 「**デフォルトのクリップ操作**」：最初に選ばれる取り込みの方法を選びます。

手動による変更もできます。
- **「クリップした後」**：ノートへ取り込み作業が終わったあとの動作を選びます。
- **「関連結果」**：WebブラウザでWeb検索サービスを使うと、Evernoteに蓄積したノートからも関連する検索結果を表示します。詳しくは5.1.7「Web検索と併用する」で紹介します。
- **「PDFページのボタン」**：PDFファイルをWebブラウザで表示したときに、PDFをEvernoteへ保存する（添付したノートを作成する）ボタンを表示します。

COLUMN
参考までに、筆者自身のWebクリッパーの設定

筆者自身のWebクリッパーの設定を紹介しますので、参考にしてください。あくまでも筆者自身のビジネスや生活スタイルに合わせたものですので、自分の場合は違うと思ったら適宜アレンジしてください。

Webクリッパーだけでなく、作成したばかりのノートはすべて「INBOX」という名前のノートブックにいったんまとめているため、「ノートブックの選択」は、「常に次を選択：INBOX」を指定しています。

タグは整理するとき、すなわち、「INBOX」から保存用のノートブックへ移動するときにつけるため、Webクリッパーでは設定しません。よって、「タグの選択」の2つのオプションはどちらもチェックしません。ただし、場合によっては、この画面でも手作業でタグをつけることがあります。

ほぼすべてのWebクリップは「簡易版の記事」で取り込んでいるため、「デフォルトのクリップ操作」は、「常に次を選択：簡易版の記事」に設定しています。

「スマートファイリング」はタグのみに使っていますが、「INBOX」で整理するため、あまりアテにはしていません。

ちなみに、Webクリップを含め、他人が作成した記事を取り込むときはすべて「Reference」というノートブックへ収めることにしています。すなわち、Webクリッパーからまず「INBOX」へ収め、必要に応じてタグを設定したり、ノートを統合するなどして整理します。その作業が終わると、まとめて「Reference」へ移します。内容に基づくカテゴリ分けは一切行っていません。

▶▶▶ 5.1.7
Web検索と併用する

　WebクリッパーをインストールしたWebブラウザで、GoogleやYahoo!などの検索サービスを利用すると、Webページと同時に、Evernoteのノートも検索できます。

Step 1　Webブラウザを起動し、GoogleやYahoo!でWeb検索を行います。

Step 2　図のような表示が現れたら、[了解]ボタンをクリックします。これはEvernote連携機能の設定です。

　この設定を行う必要があるのは、1度だけです。

Step 3　自分のEvernoteのノートからも自動的に検索され、関連するノートの上位3件（最大）が、Webブラウザの中に表示されます。

　ノートはWebブラウザの中に表示されていますが、無断で他人に公開されているわけではありません。

Step 4　いずれかのノートをクリックすると、そのノートをWebブラウザで開きます（公式アプリではなく、クラウドにあるノートを開きます）。

サインインなどを求められたときは、表示に従って操作してください。

このように、Web検索の手順を変えずに、一般に公開されているWebページと、自分だけが読み書きしているEvernoteのノートの両方を検索できます。
　この機能をやめたいときは、Webクリッパーの基本画面を開き、「オプション」を選び、「Webを検索した際に、Evernoteからも関連情報を表示」オプションをオフにします。

5-2

【第5章】Macでもっとノートを取ろう

ノート作成の専用機能を使う

Macですばやくノートを書き取るには、公式アプリではなく、その補助機能「Evernoteヘルパー」が便利です。

▼　▼　▼　▼　▼　▼

　目的をノートの作成にかぎれば、公式アプリよりも、補助機能「Evernoteヘルパー」が便利です。アプリを切り替えたり、新しい白紙のノートを作る必要がなく、どのアプリを使っているときでも呼び出せます。機能が限られているため、電話の内容を急いで書き留めたいようなときに便利です。

▶▶▶ **5.2.1**
ヘルパーを使う

　Evernoteヘルパーの基本的な使い方を紹介します。

Step 1　画面上端にあるメニューバーの右側で、Evernoteのゾウのアイコンを探してクリックします。すると図のようなウインドウが開きます。

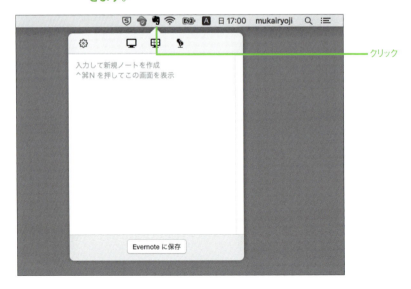

クリック

もしもEvernoteのアイコンがないときは、公式アプリを起動してください。

Step 2　内容を書き込み、[Evernoteに保存]ボタンをクリックします。

Step 3　公式アプリへ切り替えて、内容を確認してください。

1行目は題名にも使われる

　Evernoteヘルパーの画面で書き込んだ1行目は、題名としても使われています。必要に応じて、題名を書き換えたり、書式を設定してください。

TIPS

Evernoteヘルパーに書き込んだ内容は、意図的に削除するか、ノートとして保存するまで保持されます。別のアプリを操作するためにウインドウを閉じたり、ログアウトしたり、システムを終了しても失われません。つまり、書きかけのままでも、知らないうちになくなることはありません。ただし、どんなトラブルが起きるか分からないので、できるだけ速やかに保存してください。

▶▶▶ 5.2.2
文章以外の機能

　Evernoteヘルパーでは、文章のほかに、画面を撮影したり、音声を録音することもできます。音声は、マイクのアイコンをクリックするとすぐに録音が始まります。

●Evernoteヘルパーは画像や音声の保存もできる

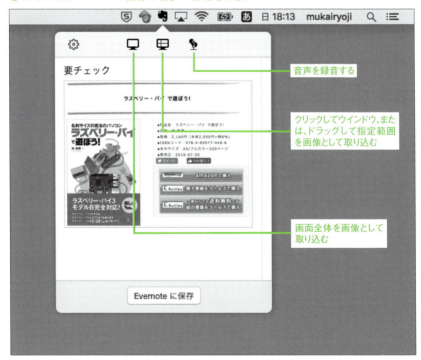

COLUMN
ヘルパーだけでもほとんどのノートは取れる

本書ではEvernoteの機能を紹介するために、公式アプリを使ったもっとも基本的な手順から紹介を始めました。しかし実際には、公式アプリを使わずにノートを取る方法はたくさんあります。筆者自身、Macでは公式アプリを使ってノートを取ることはほとんどなく、もっぱらノートの整理と検索のために使っています。

Macでノートを取るために日常的に使用しているのは、WebクリッパーやEvernoteヘルパーです。Evernoteヘルパーでは書式を設定できませんが、速やかに（忘れないうちに）内容を記録することを重視しています。書式が必要なときはノートを保存したあとから行えますし、そもそも自分で作成したノートで書式を設定することはほとんどありません。

Evernoteを使い続けていくうえで最大の課題は、ノートを取ることが面倒だと感じない方法を選ぶことです。Evernoteヘルパーを常時起動させておくことは、デスクに場所を取らない、しかしすぐに手が届くところに、常に新しい紙が出てくるメモ帳を置くようなものです。ちょっとした用件もどんどん記録しておけば、あやふやな記憶に頼ったり、誰かに確認したりする手間が減っていくでしょう。

なお、Evernoteヘルパーを開くキーボードショートカットは、[command]＋[control]＋[N]キーです。これにあわせて、Webクリッパーを開くショートカットを[command]＋[control]＋[M]キーに変更しています。MキーはNキーの隣にあるからです。

▶▶▶ 5.2.3
アプリ終了後も使う

　公式アプリを終了すると、Evernoteヘルパーも同時に終了してしまいます。Evernoteヘルパーを常に利用できるようにするには、以下の手順で設定を変えてください。

　公式アプリを起動し、［Evernote］メニューから［環境設定...］を選び、「全般」をクリックします。この画面で、「Evernoteアプリケーション終了後も、Evernoteヘルパーをバックグラウンドで起動しておく」オプションをオンにします。

　このオプションをオンにすると、下にある「コンピュータのログイン時にEvernote Helperを起動する」オプションを設定できるようになります。これもオンにすると、Macを起動（ログイン）すると、公式アプリを起動しなくても、Evernoteヘルパーからノートを作成できるようになります。これもオンにしてからウインドウを閉じてください。

●Evernoteヘルパーを常時使うための設定

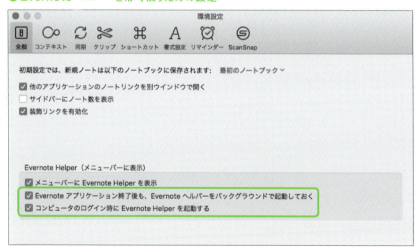

【第5章】Macでもっとノートを取ろう

メールでノートを取る

特定のアドレスへメールを送ることで、ノートを作成できます。

▼ ▼ ▼ ▼ ▼ ▼

専用に用意されたアドレスへメールを送ると、その内容をノートに作成できます。ただし、この方法が使えるのはプラスプランまたはプレミアムプランにかぎります。また、利用できるのは1日に200通までです。

▶▶▶ 5.3.1
自分専用のアドレスを調べる

ノートを登録するアドレスは、ユーザ1人ずつに設定されています。このアドレスを調べ、「連絡先」アプリに登録しておきましょう。

Step 1 公式アプリを起動し、[ヘルプ]メニューから[アカウント設定...]を選びます。

Step 2 Webブラウザが起動して、EvernoteのWebサイトにある自分用のアカウント設定ページを開きます。

サインインを求められたときは、表示に従って操作してください。

Step 3 「メールの転送先」という欄を探し、そこに書かれているメールアドレスをクリックします。このアドレスが、自分専用のノート登録用アドレスです。

アドレスをクリック

Step **4** メールアプリが起動し、新しいメールが作られます。宛先は自分用の登録アドレスになっています。

Step **5** 宛先のアドレスの右端にあるマークをクリックし、["連絡先"に追加] を選びます。

Step **6** 「連絡先」の内容を、あとでメールを送信するときに分かりやすいように編集しておきましょう。この手順は省略します。

ノート登録用のアドレスは、他人には教えないでください。この登録方法では、送信元にかかわらずノートを作成します。

メールを送信するだけでノートを作成できるため、Evernoteに対応していないメール配送サービスやiPhoneアプリなどからも利用できます。もちろん、自分あてに送られてきた重要なメールを、自分で転送してもよいでしょう。

ただし、送信元は判断されないため、本人確認もされません。よって、第三者から送られたいたずらメールでも、ノートを作成されてしまいます。もしも登録した覚えのないノートがあったときは、ノート登録用のアドレスが流出しているおそれがあります。

登録用のアドレスは自分で変更できます。これには、前記したStep3の画面を開き、［再設定］ボタンをクリックします。アドレスは自動的に割り当てられるため、任意に選ぶことはできません。

▶▶▶ 5.3.2
メールでノートを登録する

メールを使ってノートを取るには、ノート登録用のアドレスへメールを送ります。それ以外に特別な操作はありません。

メールの題名はノートの題名に、メールの本文はノートの本文になります。メールにファイルを添付すると、ノートに添付されます。

ほかにも、メールの題名に特定の記号を使って指定を含めると、ノートの作り方を指定できます。必要な項目だけを記述してください。本書ではまだ紹介していない機能も含まれますが、まとめて紹介します。

●メールの題名を使ってノートの作成方法を指定する書式
　（ノートの題名）！（リマインダーの日付）＠（ノートブック名）＃（タグ）　＋
- 「！（リマインダーの日時）」：ノートにリマインダーをつけて、その日付を指定します。年月日はスラッシュで区切ります。
- 「＠（ノートブック名）」：登録先のノートブックを指定します。この指定がないときや、指定したノートブックが存在しないときは、デフォルトのノートブックへ作成します。ノートブック名にスペースが含まれているときは、そのスペースも正確に指定してください。
- 「＃（タグ）」：ノートにつけるタグを指定します。指定したタグが存在しないと

きは、タグとして処理されずノートの題名に残ります。
- 「＋」：登録先のノートブックに題名と同じ名前のノートがある場合、そのノートの末尾にメールの内容を追加します。

各項目は半角スペースで区切ります。また、前記した書式の順に記述してください。順序を入れ替えると登録されないことがあります。次の図は、実際の例です。

●メールを使ってノートを作成する例

> **T I P S**
>
> この機能を使うときは、メールアプリなどにテンプレートを作っておくほか、書式をEvernoteのノートに書いておいてもよいでしょう。このようなものこそ、Evernoteに向いています。

【第 6 章】

Evernote Guidebook

Macでノートを整理・検索しよう

Mac版の公式アプリを使って、ノートを整理・検索するためのさまざまな方法を紹介します。

【第6章】Macでノートを整理・検索しよう

ノートブックを整理する

ノートを分けて収める
「ノートブック」の扱い方を
紹介します。

　ノートを収めるものが「ノートブック」です。ノートが増えてきたら、ノートブックを使って整理しましょう。ノートとノートブックの関係の詳細は3-1「ノートとノートブック」を参照してください。この節では、ノートブックの操作に関する実際の手順を紹介します。

　ノートブックを操作するときは、サイドバーの「ノートブック」をクリックします。初めは、アカウントを作成すると自動的に作られる「最初のノートブック」と、削除したノートを一時的に収める「ゴミ箱」の2つがあります。

●ノートブックを操作するには、サイドバーの「ノートブック」から

▶▶▶ 6.1.1
ノートブックを作成する

ノートブックを新しく作る手順は次のとおりです。

Step 1 サイドバーの「ノートブック」をクリックし、[新規ノートブック]ボタンをクリックします。

または、[ファイル]メニューから、[新規ノートブック]→[同期ノートブック]を選びます。なお、「ローカルノートブック」とは、この端末の中だけに保存され、クラウドと同期されないノートブックのことです。

Step 2 「新規ノートブック」ダイアログが開いたら、上の「ノートブック名」の欄には好みの名前を入力し、下の「このノートブック:」の欄では「非公開」を選びます。

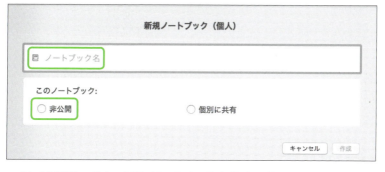

もしも「個別に共有」を選ぶと、すぐに共有設定が始まります。

Step 3 [作成]ボタンをクリックします。

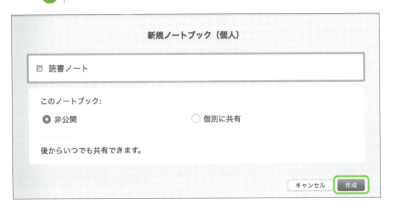

Step 4 指定した名前のノートブックが作られたことを確かめてください。

　本書を読みながら操作している場合は、ここで初めて2つめのノートブックが作られました。これまでノートブックは1つだったため、ノートを収めるノートブックをどこにするか、いま開いているノートブックがどれであるか、意識する必要はありませんでした。
　しかし、ノートブックが複数になると、そのような配慮が必要になります。新しく作成するノートや、書きかけのノートでも、ノートは必ずいずれかのノートブックへ収める必要があるからです。

COLUMN ノートブックはできるだけ分けない

著者としては、ノートブックはできるだけ分けないことをおすすめします。あやふやな分類法を使うと、かえってノートブックの管理が破綻するからです。

ノートは、複数のノートブックに収められません。いずれか1つだけのノートブックに収める必要があります。よって、ノートブックを使った分類には、絶対に分けられる方法を使う必要があります。ノートを収める先に迷うようなあやふやな分類法を使うと、ノートブックの管理は破綻します。ノートを収めるノートブックに悩むようになると、ノートを取ること自体が面倒になりかねません。

たしかにノートを移動するのは簡単ですので、必要に応じてノートを移動する方法もあるでしょう。しかし、すべてのノートを完全に管理することは現実的ではありませんし、ノートの再分類に手間をかけるよりも、本文内のキーワードやタグを使って検索するほうがはるかに簡単です。

ノートブックはできるだけ増やさず、いつ見ても迷うおそれがない基準を使って分類することをおすすめします。そしてEvernoteの利用には、分類よりも検索を重視するほうがよいでしょう。

著者がおすすめするノートブックの分類法は、最初のうちは「未処理」「ライブラリ」の2つにすることです（英語にするなら「INBOX」「Library」がよいでしょう）。ノートを作成するときはつねに「未処理」に保存し、タグをつけるなど整理したら、自分の図書館とも言える「ライブラリ」へ移動します。

何かを始めるときに新しくノートを買いそろえる方は多いと思いますが、まずは「ライブラリ」を充実させます。ノートをつけていくなかで迷うことなく分類できる大きなテーマがはっきりしたときに、3つめのノートブックを作り、ノートを移すとよいでしょう（既定のノートブックを指定する方法や、タグの操作などについては、この章の中で順次紹介していきます）。ただし、特に困ることがなければ、必ずしもノートブックを分ける必要はありません。

「迷うことなく分類できるテーマ」が何であるかは、人によって、使い方によって異なります。たとえば仕事と私事を分けることは、会社員であれば比較的簡単そうですが、フリーランスでは無理ですし、いずれにしてもテーマが大きすぎます。一方、ペットやガーデニングの日誌であれば簡単に分類できそうですし、日付順に並べると過去の見直しに役立つのでノートブックを分ける価値もありそうです（ただし、獣医や園芸家の方はよく検討する必要があるでしょう）。

6.1.2
表示するノートブックを切り替える

　表示するノートブックを切り替えるには、2つの方法があります。どちらも覚えておきましょう。

　1つは、サイドバーの「ノートブック」をクリックし、ノートブックの一覧が表示されたら、目的のものをダブルクリックして開く方法です。

● 「ノートブック」の大分類から選ぶ

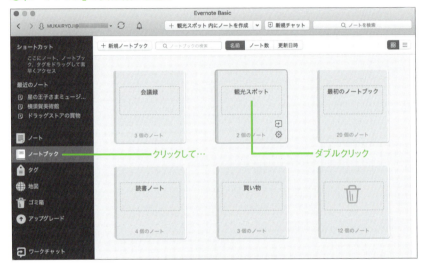

もう1つは、ノートの一覧を表示しているときに、ノート一覧の表示から対象のノートブックを切り替える方法です。

●ノート一覧の対象ノートブックを切り替える

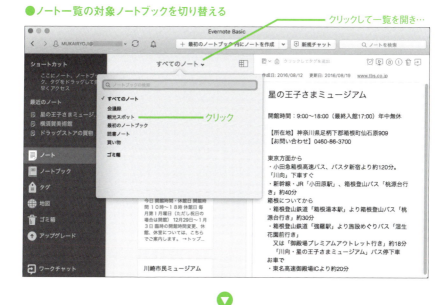

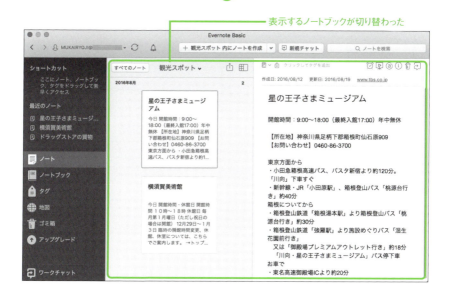

▶▶▶ 6.1.3
ノートブックを指定して新しいノートを作る

　新しいノートを作るには、ツールバーにある［ノートを作成］ボタンをクリックするか、［ファイル］メニューから［新規ノート］を選びます。これはノートブックが増えても同じです。意識する必要があるのは、新しいノートを収めるノートブックがどれであるかということです。

　いずれかのノートブックを選んでいる、または開いているときに新しいノートを作ると、そのノートブックに作られます。ツールバーの［ノートを作成］ボタンは、その時々に応じて表示が変わります。次の2つの図を見比べてください。

●新しいノートは、いま開いているノートブックに作られる

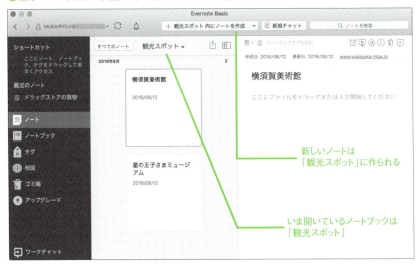

●ノートブック一覧画面で選んでいるだけでも、新しいノートはそのノートブックに作られる

ただし、最近操作したものに限り、いま操作していないノートブックにノートを作成することもできます。これには、ツールバーにある［ノートを作成］ボタンの右端にあるマークをクリックしてメニューから選びます。

●ノートブックを指定して新規ノートを作成できる

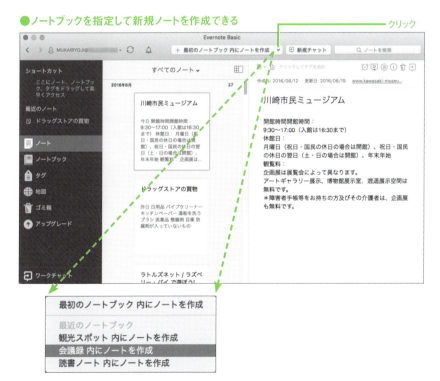

新しいノートを作成するときに、特定のノートブックを選んでいない場合や、収めるノートブックを指定できない（しない）場合は、「デフォルト（既定）のノートブック」として指定されたノートブックに作成されます。

この設定を確認・変更するには、[Evernote]メニューから[環境設定…]を選び、「全般」ボタンをクリックし、「初期設定では、新規ノートは以下のノートブックに保存されます：」の欄を調べます。

●「デフォルトのノートブック」の設定

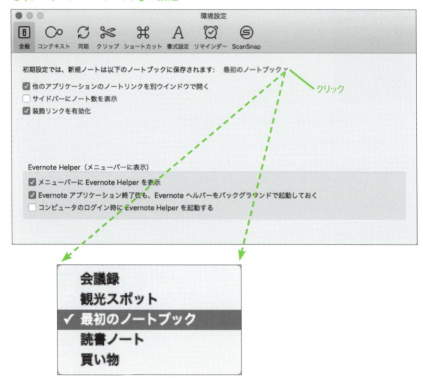

TIPS

「デフォルトのノートブック」の設定は、「Evernoteヘルパー」や、ノートブックを指定せずにメールを使って作成したノートなどに適用されます。未処理ノート専用のノートブックを設定するときは、そのノートブックを指定するとよいでしょう。また、「Webクリッパー」では、「ノートブックの選択：常に次を選択」という項目で、保存先のノートブックを指定できます。

▶▶▶ 6.1.4
ノートを移動する

1つのノートを別のノートブックへ移動する手順は次のとおりです。

Step 1 目的のノートの内容を表示し、左上にあるノートブック名をクリックします。

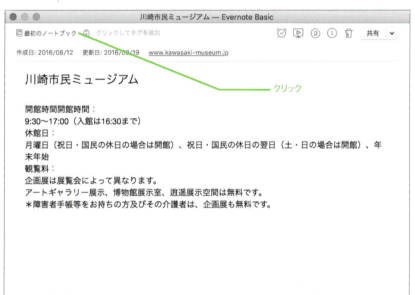

ウインドウの幅によっては、アイコンだけが表示されていることもあります。名前が隠れているときは、ノートブックのアイコンにポインタ（マウスの矢印）を重ねるだけで、現在収められているノートブックの名前を表示します。

Step 2 ノートブックの一覧が表示されるので、クリックして移動先を選び、右下の[移動]をクリックします。

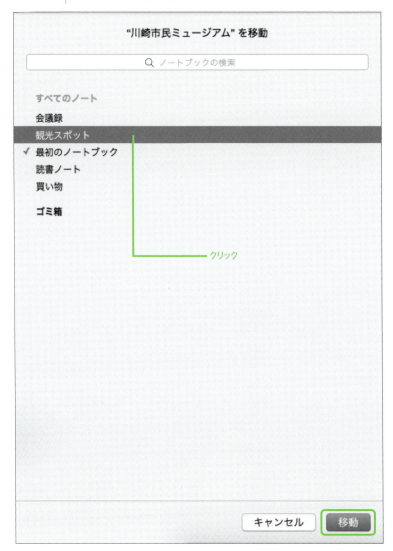

Step 3 ノートを収めるノートブックの名前が変わったことを確かめてください。

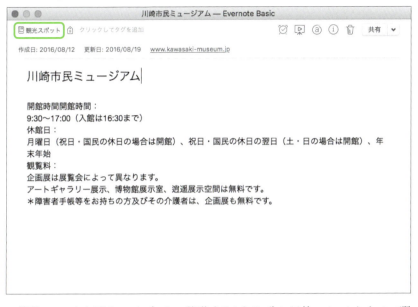

　複数のノートを同じノートブックへ移動するときは、先に目的のノートをすべて選んでおくと、一度に操作できます。

　必要に応じて、ノートブックを切り替えたり、検索を行うなどして、一覧に表示するノートをあらかじめ絞り込んでおきます。

　次に、一覧から目的のノートを選びます。いま表示しているすべてのノートを選ぶときは、[編集]メニューから[すべてを選択]を選びます（ノートが選ばれないときは、ノート一覧表示にあるいずれかのノートをクリックしてから操作します）。

　1つずつ選ぶときは、[command]キーを押しながらノートを1つずつクリックします。連続したノートをまとめて選ぶときは、一方の端のノートをクリックし、スクロールして、もう一方の端のノートを[shift]キーを押しながらクリックします。

　複数のノートが選ばれていると、通常はノートの内容を表示するウインドウ右側の表示が変わり、次の操作を選べる状態になります。ここで[ノートブックに移動...]ボタンをクリックすると、移動先のノートブックを選べます。この手順は1つずつ移動するとき同じです。

クリック

TIPS

ノートを1つずつ選ぶときに[command]キーを使い、連続したノートを選ぶときに[shift]キーを使う方法は、ノートブックやタグを選ぶときにも使えます。

▶▶▶ 6.1.5
ノートブックの名前を変える

ノートブックの名前を変える手順は次のとおりです。

Step 1 サイドバーの「ノートブック」をクリックし、目的のノートブックを表示します。

Step 2 目的のノートブックに、ポインタ（マウスの矢印）を重ねます（クリックする必要はありません）。すると、ノートブックの右下に歯車のアイコンが表示されるので、それをクリックします。

クリック

Step 3 図のようなダイアログが表示されるので、「ノートブック名:」の欄に表示されているノートブック名を書き換え、[保存]ボタンをクリックします。

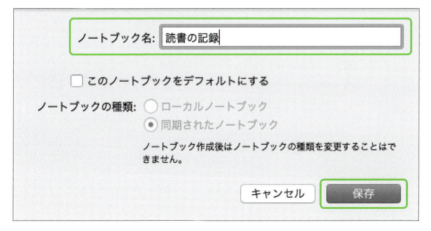

Step 4 ノートブックの名前が変わったことを確かめてください。

なお、ノートブックの名前の部分をクリックしてしばらく待つと、文字入力できる状態になり、直接書き換えられます。Finderでファイルの名前を変えるときと同じです。

COLUMN

ノートブックの名前を決める

ノートブックの名前をつけるときは、命名ルールを決めましょう。さらに、可能であれば、少なくとも先頭だけでも英数半角にすることをおすすめします。

表示するノートブックを切り替えたり、ノートブック間でノートを移動するときは、ノートブックの名前を指定する必要があります。ノートブックの一覧が表示されるので名前を覚えておく必要はありません。ただし、命名ルールを決めておくと選びやすくなります。

たとえば、先頭にカテゴリを示す句を入れるという方法があります。仕事に関係するノートブックには「仕事-企画」「仕事-会議」、家庭に関係するものは「家庭-レシピ集」「家庭-リフォーム」というように名前をつけます。

また、ノートブックを指定するときは、入力した文字に応じてすぐに絞り込みが行われます（専門用語で「インクリメンタルサーチ」と言います）。たとえば「仕事」と入力してかな漢字変換を確定すると、名前が「仕事」で始まるノートブックだけが表示されるため、すべてのノートブックから探す必要がありません。

●ノートブックを指定するときは、入力した文字に応じて絞り込まれる

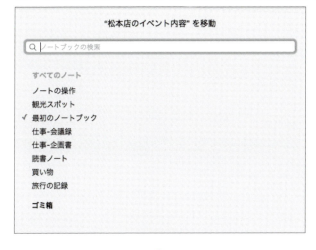

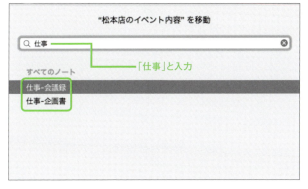

さらに、英語に抵抗がない場合は、先頭の句やノートブック名に英数半角文字を使うとよいでしょう。かな漢字変換が必要ないため、さらに早く目的のノートブックを指定できます。具体的には、「仕事-」の代わりに「Business-」や「B-」としたり、「経費」の代わりに「Cost」という名前にします。

ただし、ノートブックを共有しないかぎり、その名前は誰にも見られません。ローマ字表記を使って「kaigi」「keihi」のようにするのも一案です。

命名ルールについては、たくさんの愛用者がさまざまな工夫を凝らしています。Evernote上級者向けの解説書やブログなども参考にしてください。ほかにも、ビジネスパーソンの間では「打ち合わせ」を「MTG（＝Meeting）」と表記するなど、英語の頭文字を取って短縮するテクニックがよく使われますが、これも応用するとよいでしょう。

> ただし、暗記が得意でなければ、何の関係もない記号を使うのはやめたほうがよいでしょう。たとえば「仕事は0、自分の趣味は1、家族のことは2……で始める」というルールを作ると、数字を1つ入力するだけで絞り込みができますし、名前順で並べ替えたときに好みの順で並べられるという利点もあります。しかし「仕事」と「0」には何の関係もないため、連想ができません。これを暗記してまでノートブックの数を増やすことは、得策とは言えないでしょう。

▶▶▶ 6.1.6
スタックでまとめる

　ノートブックが増えてきたときは、複数のノートブックをまとめて扱うことができます。これを「スタック」と呼びます。Finderでたとえると、ファイルをまとめたフォルダを、さらに上位のフォルダでまとめるようなものです。スタックに関連する操作をまとめて紹介します。

　複数のノートブックをスタックにまとめるには、まとめたいどちらかのノートブックをドラッグ＆ドロップして重ね合わせます。iPhoneのホーム画面でアイコンを重ねてフォルダにまとめる操作と似ています。

●ノートブックをスタックにまとめる

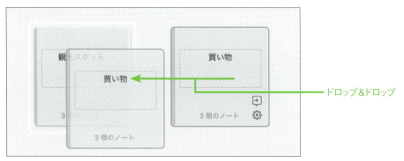

ドロップ＆ドロップ

スタックに含まれるノートブックを確かめるには、スタックをダブルクリックします。Finderでフォルダを開くときと同じです。

●スタックを開く

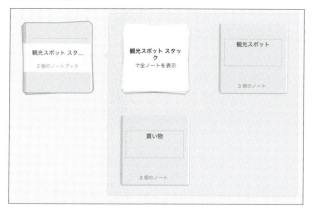

「スタックで全ノートを表示」をダブルクリックすると、ノート表示へ切り替えて、スタックに含まれるノートブックに収められているノートをまとめて表示します。なお、ノート一覧表示でノートブックを切り替えるときと同じ操作で、スタックを選ぶこともできます。

●スタックに含まれるすべてのノートを表示する

> **TIPS**
>
> スタックはノートブックをまとめるものですので、スタックの直下にノートを保存することはできません。

スタックの名前を変更するには、[control]キーを押しながらクリックし、メニューから[スタック名を変更]を選びます。または、名前をクリックしてしばらく待つと、名前を書き換えられます。

● スタックの名前を変更する

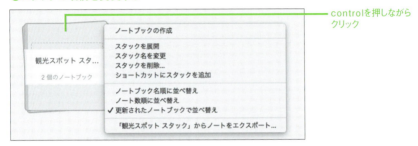

スタックからノートブックを外すには、ノートブック一覧画面でスタックを開き、目的のノートブックをスタック以外の場所へ、取り出すようにドラッグ&ドロップします。

● スタックからノートブックを外す

なお、スタックは上位フォルダのようなものですが、まずスタックの名前を指定して、次にそこに含まれるノートブックへたどる使い方はできません。

たとえば、「企画書」「会議録」という2つのノートブックを「仕事」というスタックにまとめているとします。ノートを別のノートブックへ移動するときに、まず「仕事」を選び、絞り込んでから「企画書」を選ぶ……というような、段階的に下位へたどる使い方はできません。ただちに「企画書」を選ぶ必要があります。

ただし、ノートブックを選ぶときは、その一覧はスタックごとにまとめられるため、スタックの名前は見出しとして役立ちます。たとえば次の図で「仕事」と入力しても、名前が「仕事」で始まるノートブックがなく、スタックの名前は絞り込みの対象にならないため、すべてのノートブックが隠されてしまいます。

●スタックの名前は絞り込みの対象にはならないが、ノートブックの見出しになる

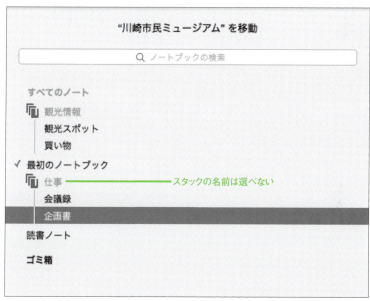

このため、ノートブックの名前には、スタックとは関係なく、ノートブックだけを見て意味が通じるものをつけるほうがよいでしょう。

> **TIPS**
>
> スタックで分けていても、ノートブックの名前には、既存のものと同じ名前はつけられません。

【第6章】Macでノートを整理・検索しよう
6-2 タグでノートを整理する

ノートにつける
目印となる「タグ」の
使い方を紹介します。

▶▶▶ 6.2.1
タグとは

　Evernoteでは、それぞれのノートに対し、ノート情報の1つとして「タグ」をつけられます。商品そのものとは別に、商品を説明するためにつける札を「タグ」と呼びますが、Evernoteの「タグ」もそれと同様に、ノートそのものとは別に、ノートを説明する役割を持っています。

　Evernoteの「タグ」には、次のような性質があります。
- タグは文字列（語句）で表します。
- 内容とは関係なく、任意のタグをつけられます。
- 1つのノートに対して、複数のタグをつけられます。
- タグをつけるときは、既存のタグが候補として表示されます。
- タグを含めて検索したり、タグだけを対象にして検索することもできます。

▶▶▶ 6.2.2
タグを作りながらつける

　ノートにタグをつける手順には2つあります。1つは、ノートにタグをつけると同時に作成する方法です。もう1つは、あらかじめタグを作成してから、ノートに割り当てていく方法です。前者のほうが便利ですが、後者にも利点があります。

　先に、タグをつけると同時に作成する方法を紹介します。後述する6.2.4「タグを選びながらつける」もあわせてお読みください。

Step 1 タグをつけたいノートを開き、「クリックしてタグを追加」と表示されている部分をクリックします。

Step 2 タグに設定するテキストを入力します。かな漢字変換が必要であれば、まず確定します。

Step 3 かな漢字変換が終わっている状態で[return]キーを押すと、タグとして確定します。その文字列が初めてタグとして使われたときは、同時にタグとして登録されます。

　作成されたタグの一覧は、基本画面のサイドバーの[タグ]をクリックして確かめられます。6.2.3「タグを作る」も参考にしてください。

Step 4 複数のタグをつけたいときは、続けて次の文字列を入力できます。

Step 5 | タグの入力を終えるには、すべてのタグを確定したあとに[return]キーを押します。

▶▶▶ 6.2.3
タグを作る

　ノートにタグをつけずに、タグだけを先に作ることもできます。手順は次のとおりです。後述する6.2.4「タグを選びながらつける」もあわせてお読みください。

Step 1 | サイドバーの「タグ」をクリックします。ここには、作成されているタグの一覧が表示されます。

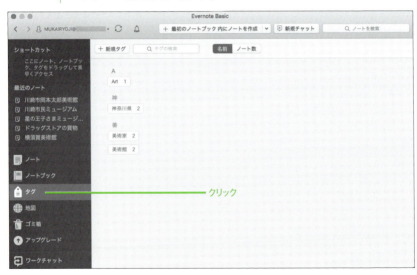

　タグの名前の右隣にある数字は、そのタグが割り当てられているノートの数です。

Step 2 | 左上の[＋新規タグ]ボタンをクリックします。すると入力欄が開くので、タグの名前を入力します。

Step **3** | [return]キーを押して確定すると、タグが作られます。

6.2.4
タグを選びながらつける

　ノートにタグをつけるときは、入力した文字に応じて、既存のタグが候補として表示されます。おおよそ、新しいタグを作りながらノートにつけていくときと同じですが、候補を表示し、そこから選ぶ手順に注目してください。候補から選びながらタグをつける手順は次のとおりです。

Step 1　タグの先頭の文字列を入力します。図は、日本語のかな漢字変換を行って、確定する直前の状態です。

Step 2　先頭の文字列を確定すると、既存のタグから合致するものが候補として表示されます。図では、「美術」で始まる3つのタグがすでに登録されているため、それらが表示されました。

Step 3　目的のタグをクリックするか、上下の矢印キーを使って選択し[return]キーを押すと、ノートにタグがつけられます。

TIPS

候補を表示する機能は、先頭の文字列で絞り込まれます。本文の例で言えば「西洋美術」や「現代美術」というタグがあっても、先頭の文字が異なるため、候補には現れません。

COLUMN

タグ候補の機能を生かすにはタグ名を英数半角に

ノートブックの名前をつけるときは、命名ルールを決め、さらに、可能であれば、ノートブックの名前は英数半角にすることをおすすめしました（コラム「ノートブックの名前を選ぶ」を参照）。タグの名前にも同じことが言えます。

特にタグは、ノートブックとは異なり、ノートにつけると同時に作成できます。作成手順がより簡単であるだけに、無計画にタグをつけてしまい、同じ意味のタグを複数作ってしまうおそれも大きいと言えます。完全に防ぐことは難しいものの、候補表示を積極的に使うだけでも効果的な対策になります。

また、かな漢字変換が不要な英数半角文字をタグ名に使うと、1文字入力するたびに候補を絞り込めます。

●「A」を入力するだけで、Aで始まる既存のタグ一覧が表示される

さらに、適宜タグ一覧を確認して、同じ意味のものを統合するなどして整理するとよいでしょう。後述する、タグのグループ分けも参考にしてください。

▶▶▶ 6.2.5
タグを削除する、名前を変える

ノートからタグを削除するには、まずノートにつけたタグをクリックして編集できる状態にしてから、目的のタグをクリックして選択します。そののちに、[delete]キーを押すか、タグ右端をクリックしてメニューから[削除]を選びます。

●ノートからタグを削除する

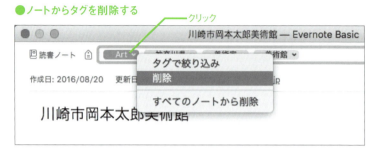

この操作では、ノートにつけられたタグのみを削除します。ノートを削除するわけではありません。また、メニューにある[すべてのノートから削除]を選ぶと、指定したタグをすべてのノートから削除します。同じタグが使われているノートを探す必要はありません。

同じ操作は、サイドメニューの「タグ」を選んで表示されるタグ一覧画面で、目的のタグを[control]キーを押しながらクリックして開くメニューからも行えます。

●タグ一覧から指定のタグを削除する

既存のタグをつけ直す(タグの名前を変える)には、前の図に表示されているメニューから[タグ名を変更]を選びます。これもまた、タグが使われているノートを選ぶ必要はありません。

　ただし、この操作では既存のタグと同じ名前へは変更できないため、似た内容のタグを統合する目的では使えません。その場合は、つけ直したいタグが使われているノートを検索し、該当するすべてのノートに新しいタグをつけてから、つけ直したいタグを削除します。

　たとえば「美術」と「Art」という2つのタグを作ってしまい、後者にまとめたいときは、1)「美術」タグがついたノートを検索、2)該当のノートに「Art」タグを追加、3)さらに「美術」タグを[すべてのノートから削除]、という手順で操作します。

▶▶▶ 6.2.6
タグをまとめる

　タグが増えてきたときは、複数のタグをグループにまとめることができます。手順は次のとおりです。

Step 1 サイドバーの「タグ」をクリックして、タグ一覧画面を表示します。

Step 2 下位に収めたいタグを、上位にしたいタグへドラッグ&ドロップします。

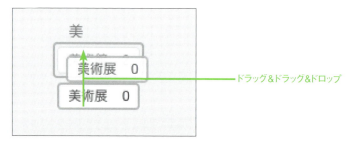

ドラッグ&ドラッグ&ドロップ

　既存のタグを、より大きな分類の下位へ収めるときは、先に大分類のタグを作り、下位のタグをそこへドラッグ&ドロップします。

Step 3 上位にあるタグには、下位にあるタグの数が表示されます。タグの右端にあるマークをクリックすると、下位にあるタグを表示します。

> ### TIPS
>
> ノートブックをまとめる「スタック」と似ていますが、タグをまとめるものには特別な名前はないようです。複数のタグをまとめた上位のタグも通常のタグとして機能しますし、その一方、下位のタグがつけられたノートをまとめて扱うための特別な機能はありません。また、スタックは階層化できませんが、タグのグループはさらに階層化できます。

　タグをまとめた場合でも、上位のタグを選んだだけでは、下位のタグがついたノートは選ばれない点に注意してください。グループにまとめる機能は、タグそのものの管理に使うとよいでしょう。

たとえば、「バッハ」「ベートーヴェン」「モーツァルト」というタグを作り、「作曲家」というタグへまとめたとします。しかし、「作曲家」タグを検索しても、「バッハ」のタグがついたノートは検索できません。「作曲家」タグで検索できるようにするためには、あくまでも「作曲家」タグをつける必要があるからです。どちらのタグでも検索できるようにするためには、大分類である「作曲家」と、個別のキーワードである「バッハ」の、両方のタグをつけます。

▶▶▶ 6.2.7
タグを使って検索する

タグを使って検索する方法はいくつかあります。ここでは、一般的な検索機能を使わず、タグのみを対象に検索する方法を紹介します。

個別のノートにつけたタグを使って検索できます。目的のタグの右端にあるマークをクリックし、メニューから［タグで絞り込み］を選ぶと、同じタグがついたノートを検索します。検索結果はノート一覧画面で表示します。

● 個別のノートにつけたタグから検索する

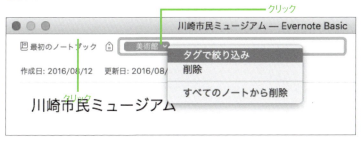

タグを使い始めると、ノート一覧表示にタグのアイコンが表示されます。これをクリックすると設定済みのタグ一覧が表示されます。いずれかのタグをクリックして選ぶと検索されます。

絞り込んでいる間は、アイコンに色がつきます。あまり目立たないので注意してください。絞り込みを解除するにはタグのアイコンの隣にある×マークをクリックします。

●ノート一覧画面で選んで検索する

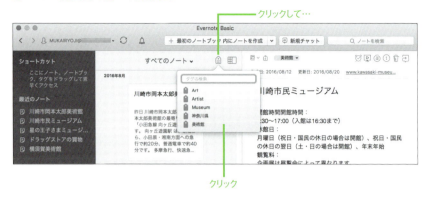

クリックして…

クリック

サイドバーの「タグ」をクリックしてタグ一覧を表示し、目的のタグをダブルクリックするか、クリックしてから画面右上の［ノート○個を表示＞］ボタンをクリックすると、そのタグがつけられたノートが検索されます。

●タグ一覧画面で選んで検索する

ダブルクリック

または、タグをクリックしてからクリック

【第6章】Macでノートを整理・検索しよう
ノートを操作する

1つのノートを分割したり、
複数のノートを統合できます。
統合するときは順序に注意してください。

▶▶▶ 6.3.1
複数のノートを1つに結合する

　複数のノートを1つに結合（マージ）するには、ノート一覧画面で、マージしたいノートを選択し、［ノート］メニューから［ノートをマージ］を選びます。または、選択後に表示される選択中の画面で［マージ］ボタンをクリックします。

●ノートをマージする

　操作はこれだけですが、重要な注意点があります。マージする順序は、操作を実行するときにノート一覧表示に表示されているとおりになります。前の図では上から「3→2→1」となっているため、マージ結果もそのとおりになります。

●一覧に表示されている順序でマージされる

　意図した順序でマージするには、ノート一覧表示に、そのとおりの順序で並ぶように並び替える必要があります。ただし、Evernoteではノートを手作業で並べ替えられないため、ノートの名前や作成日時などの条件で並べ替えられる表示へ切り替えた上で、並べ替えの条件を指定する必要があります。
　次の図では、［表示］メニューから［サイドリストビュー］を選び、「タイトル」の列をクリックして昇順に並べ替えてから、マージを実行したところです。

●タイトルで並べ替えてからマージを実行したところ

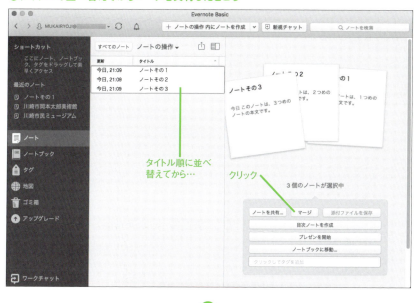

　ノート一覧表示の形式を切り替えたり、表示する項目を入れ替える方法は、4-1「ウインドウを操作する」を参照してください。

なお、マージされたノートに使われる文字サイズや背景色などの装飾は、自動的につけられます。変更したいときは、マージを実行したあとに［フォーマット］メニューから［スタイルを削除する］などを実行してください。

TIPS

マージ操作では、マージしたノートを新しく作成しています。マージされる前のノートは「ゴミ箱」へ移されています。期待通りにマージできなかったときは、マージしたノートを削除し、「ゴミ箱」を開いてマージされる前のノートを復元してください。

▶▶▶ 6.3.2
ノートを複製する

ノートを複製するには、ノート一覧表示で目的のノートを選び、［ノート］メニューから［ノートブックにコピー…］または［ノートを複製］を選びます。複数のノートを一度に操作することもできます。

コピー先のノートブックを、現在収められているものとは別のノートブックにするには［ノートブックにコピー…］を選びます。コピーされたノートは、元のノートと同じになります。複製先のノートブックは手作業で指定します。

現在と同じノートブックの中でコピーするには［ノートを複製］を選びます。コピーされたノートの題名には、末尾に「 のコピー 」が追加されます。

TIPS

コピー先によって名前が自動的に変わるのは、Finderでファイルをコピーしたときと同じです。

▶▶▶ 6.3.3
ノートの目次を作る

あるテーマに関連するノートが複数あるときは、ノートブックやタグを使った分類をするほかに、「別のノートへの目次となるノート」を作ることができます。目次には各ノートへのリンクが作られ、Webページのようにクリックしてそれらを開くことができます。目次ノートを作る手順は次のとおりです。

Step 1 ノート一覧表示で目的のノートを選択します。このとき、表示形式を変えたり、並び順を変えるなどして、意図するとおりの順序に表示されるように設定します。

意図するとおりの順序に表示する方法は6.3.1「複数のノートを一つに結合する」を参照してください。

Step 2 右側に表示されている[目次ノートを作成]ボタンをクリックします。

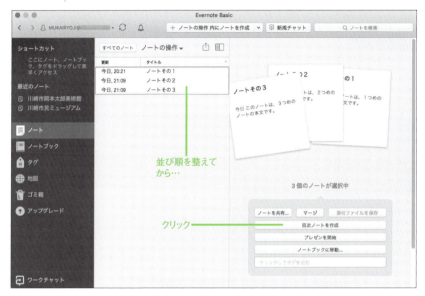

Step 3 新しく「目次」という題名のノートが作られ、選択していたノートへのリンクが作られます。リンクの文章には、各ノートの題名が使われます。

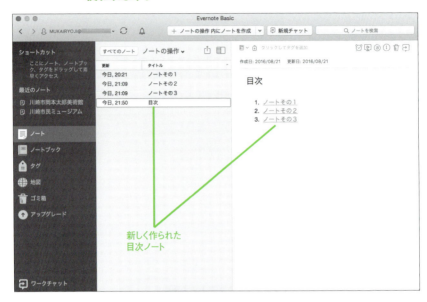

新しく作られた目次ノート

リンクをクリックすると、そのノートが開きます。

TIPS

[ノート]メニューにある[ノートリンクをコピー]は、選択したノートをクラウドで閲覧するためのもので、Evernoteアカウントによるログインと、ノートの持ち主による公開設定が必要です。ただし、非公開のままにしておけば自分用のリンクとして使えるので、クラウドにあるノートへの目次として使ってもよいでしょう。リンクはクリップボードにあるので、適当なアプリへペーストして使います。

【第6章】Macでノートを整理・検索しよう

検索する

複雑な条件を組み合わせて
ノートを検索する方法を
紹介します。

▶▶▶ 6.4.1
検索の基本

　ノートを検索するには、基本画面の右上にある「ノートを検索」の欄にキーワードを入力して［return］キーを押します。すると該当するノートがノート一覧に表示されます。これはすでに 3.3.2「Macでノートを探す」で紹介したとおりです。

●検索の基本的な方法

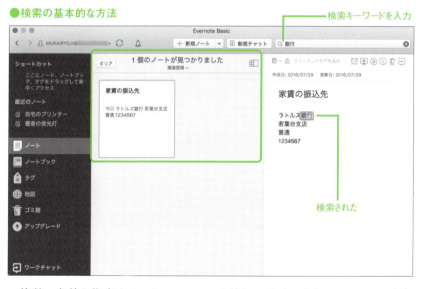

　複数の条件を指定するには、スペースで区切って入力します。スペースは、半角と全角のどちらでもかまいません。このときは、すべての条件を満たすノートを検索します。たとえば「神奈川県　美術館」という条件で検索すると、「神奈川県」と「美術館」の両方が含まれるノートを検索します。

逆に、特定のキーワードを除外したいときは、その前にマイナス記号「-」を入れます。たとえば「神奈川県　-美術館」という条件で検索すると、「神奈川県」は含まれるが、「美術館」は含まれないノートを検索します。

なお、プレミアムプランのみ、添付したファイルの内容も検索対象になります。対応するファイル形式は次のとおりです。

・Microsoft Excel、Word、PowerPoint
・Apple Numbers、Pages、Keynote
・PDF（選択可能なテキストを含むもの）

また、画像の中に写った文字も検索できます。詳細は次項で紹介します。

▶▶▶ 6.4.2
画像の内容を検索する

JPEG、PNG、GIF形式の画像ファイルの中にある文字も検索対象になります。この機能はすべてのプランで利用できます。また、検索にあたって特別な操作は必要ありません。

次の図は、ノートを検索しているところです。画像に写っている文字も、通常の文字と同様に検索されていることが分かります。

●画像に写っている文字も検索対象になる

手書きの文字も自動的に認識され、検索対象になります。電話の用件のように急いでメモを取るときは、つい適当な紙の余白に書き込んでしまうことがありますが、これも撮影してEvernoteへ登録すれば検索できるようになります。

●手書きメモの文字も解析されて検索対象になる

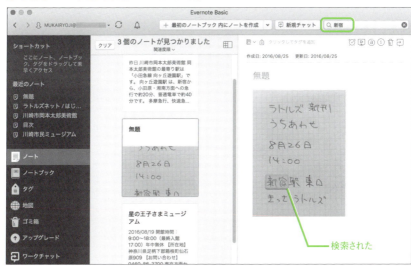

　ただし、手書き文字は必ずしも正確に認識されるとはかぎりませんし、「喫茶」を「きっさ」と書いてしまうと、「喫茶」というキーワードでは検索できません。とりあえず撮影して紛失を防ぎ、重要なノートは画像を見ながら入力し直すことをおすすめします。

　なお、アカウント設定の中に、文字認識に使われる言語を設定する項目があります。必ずしもこれを設定しなくてもよいようですが、念のために設定しておきましょう。手順は次のとおりです。

Step 1　公式アプリの［ヘルプ］メニューから［アカウント設定...］を選びます。

以降の操作でサインインを求められたら、表示に従って操作してください。

Step 2　左列の「アカウント」カテゴリーにある［個人設定］をクリックします。

もしもノート一覧画面へ移ってしまったときは、ウインドウ左下にあるアカウント設定ボタンをクリックして［設定］を選び、再度同じ操作をしてください。

Step 3　「言語」のカテゴリーにある「文字認識に使用する言語」が「英語のみ」と表示されていたら、「日本語＋English」へ変更します。

Step 4　ページ下端にある［変更を保存］ボタンをクリックします。

「アカウントを更新しました」と表示されたら完了です。サインアウトしてウインドウを閉じてください。

　画像に含まれる文字を自動認識する作業は、クラウドで行われます。このため、検索できるようになるまで、クラウドへノートを登録してからしばらく時間がかかります。あるノート内の画像の文字認識が処理されたかどうかは、ノート情報の「画像のステータス」で確かめられます。

COLUMN

活字であれば、撮影やスキャンでおおよそ検索できる

画像ファイル内の自動文字認識機能は、手書き文字に対してはまだ難しいところがあります。しかし、整形されている文字（いわゆる活字）であり、かつ、ロゴのように装飾されていなければ、目立つものはおおよそ認識されるようです。

たとえば、街頭の掲示、商品のパッケージや説明書などを撮影しておくと、あとから思いがけず役立つことがあります。次の図は、著者が購入した商品のパッケージにある説明書きを撮影したものです。保存したときは面倒がったのでしょう、題名も追加コメントも入れていない、必要最低限のノートでした。あるとき出先で突然消耗品を買うことになりましたが、正確な型番など覚えていません。しかしパッケージを撮影していたことを思い出し、商品名で検索したところ、無事に型番がわかって、合致する消耗品を安心して買うことができました。

とくにiPhoneやiPadを使えば、写真をノートにするのは簡単です。写真をメモ帳代わりにしている方は大変多いようですが、あとから探すのは大変な手間ですから、Evernoteで撮影することをおすすめします。iPhone・iPadでのノートの取り方は第7章「iPhone・iPadでノートを取ろう」で紹介します。

●題名もコメントもつけていないが商品名で検索された

▶▶▶ 6.4.3
検索の手間を減らす

　検索の操作にはできるだけ手間をかけたくないものです。検索の手間を減らす機能を紹介します。

　ノートが増えてきて、検索を何度か行ったり、タグを使うようになると、「ノートを検索」欄をクリックするだけで候補が表示されるようになります。何度も同じキーワードを入力する必要はありません。

●「ノートを検索」欄をクリックするだけで最近検索したキーワードを候補に表示

　また、キーワードの一部を入力しただけでも、適宜候補が表示されるようになります。この段階でもある程度絞り込めるので、一部を入力して少し待つとよい場合もあります。

●何文字かを入力すると、ノートやタグ名などからも候補を表示

　よく使う検索条件は保存できます。その条件で検索を実行したあとに、［編集］メニューから［検索］→［検索を保存］を選ぶと、「ノートを検索」欄をクリックしたときに保存した条件が現れます。検索条件に対してメニューに表示する名前をつけたり、あとから名前や条件を変更することもできます。

● [編集]メニューから[検索]→[検索を保存]を選んで検索条件を保存する

● [編集]ボタンをクリックすると、メニューに表示する名前や検索条件を変更できる

TIPS

検索キーワードを削除するには、「ノートを検索」欄の右端に表示される×マークをクリックするほかに、[編集]メニューから[検索]→[検索をリセット]を選ぶ方法もあります。これには[command]+[R]キーというショートカットが割り当てられているので、キーボードに慣れている方は覚えておきましょう。
また、状況に応じて対象のノートブックなど、検索条件が自動的に追加されることがあります。不要であれば条件を削除してください。

▶▶▶ 6.4.4
検索オプションを使う

検索対象を細かく指定するには「検索オプション」を使います。手順は次のとおりです。

Step 1　「ノートを検索」欄をクリックし、表示されるウインドウの下端にある「検索オプションを追加」をクリックします。

クリック

Step 2　メニューが表示されたら、オプションを指定してから右端の[追加]ボタンをクリックします。

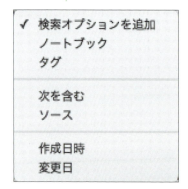

オプションのそれぞれの意味は次のとおりです。

- **ノートブック**：対象とするノートブックを1つに限定します。これを選ぶと、ノートブック一覧が表示され、メニューから選べます。
- **タグ**：対象とするタグを指定します。条件を追加して複数のタグを指定できます。

- **次を含む**：このオプションを選ぶと、「画像」「添付ファイル」などを選べるようになり、「画像が含まれるノート」「添付ファイルが含まれるノート」のように指定できます。注目は「ToDo」「未完了のToDo」「完了したToDo」で、ToDo（チェックボックス）を使ってやるべきことを管理しているときに役立ちます。
- **ソース**：ソースとは情報の出所のことで、このオプションを選ぶと、「メール」「Webページ」などを選べるようになります。
- **作成日時**：ノートの作成日を検索条件に加えます。このオプションを選ぶと、「この日時より前：」「この日時以降：」から選択し、さらに「今日」「今週」「今月」などを指定できます。この両方を組み合わせて「今月以降」「先月より前」などを指定します。
- **変更日**：ノートの変更日を検索条件に加えます。指定方法は「作成日時」と同じです。

Step 3 オプションによっては、オプション自体を複数追加できます。また、キーワードは追加入力できます。

Step 4 一度追加したオプションを削除するには、文字と同様に［delete］キーを押します。オプション名に「▼」マークがあるときは、クリックして条件を変更できます。

TIPS

よく使う複雑な条件は、前項で紹介した［検索を保存］を使って保存しておきましょう。たとえば、毎日の業務内容のノートに「日報」というタグをつけているときは、タグが「日報」を含み、作成日時が「今週以降」という検索条件を「今週の日報」という名前で保存しておくと、検索欄をクリックして「今週の日報」を選ぶだけで、すぐに今週の日報の一覧が表示されます。

なお、さらに詳細な条件を指定することもできます。たとえば、複数のキーワードをスペースで区切って入力すると、通常はすべてを含むノートを検索しますが、「any:」と先頭に入力すると、いずれかを含むノートを検索します。詳しい使い方は公式サポート情報を参照してください。

●「Evernoteの高度な検索構文の使い方」（Evernote）
　https://help.evernote.com/hc/ja/articles/208313828

▶▶▶ 6.4.5
ノートの内容を検索する

ノートの内容が長大になったときのために、ノートの内容だけを検索する方法も覚えておきましょう。

Step 1 ノート一覧表示で、目的のノートを選択します。

本文をクリックして編集状態にする必要はありません。

Step 2 [編集]メニューから[検索]→[ノート内で検索...]を選びます。

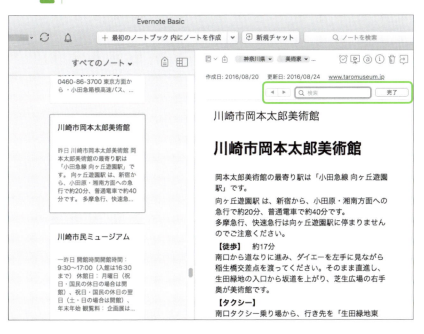

Step 3 ノートの内容の先頭に検索欄が表示されるので、キーワードを入力して [return] キーを押します。すると、該当個所が強調表示され、最初の個所へジャンプします。

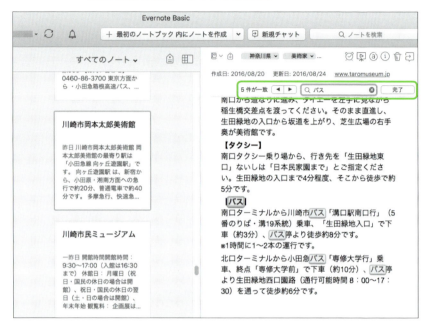

Step 4 検索を終えるには [完了] ボタンをクリックします。

TIPS

個別のノートの内容を検索するキーボードショートカットは [command] + [F] キー、すべてのノートから検索するのは [command] + [option] + [F] キーです。

【第7章】

Evernote Guidebook

iPhone・iPadでノートを取ろう

iPhone・iPadでの
公式アプリの基本操作と、
特有の操作について紹介します。
また、実用的な別売アプリも紹介します。

【第7章】iPhone・iPadでノートを取ろう
7-1 iPhone版公式アプリの概略

iPhone版公式アプリの
基本操作を
紹介します。

　前章までで、Mac版の公式アプリの使い方をとおして、Evernote自身が持つ機能を紹介しました。

　本章ではiPhone・iPadでの使い方を紹介しますが、Mac版と同じくEvernoteの公式アプリですので、「ノート、ノートブック、タグ」などの記録の仕組みや、「作成日時、URL、位置情報」などを収めるノート情報、画像などのファイルを添付できる機能などは共通です。つまり、すでにEvernote自体については習得していると言えます。また、アプリの中で使われるアイコンも共通です。

　そこで本章では、iPhoneでの具体的な手順について紹介します。用語や仕組みについては、同じトピックを取り上げたMacの章を参照してください。

▶▶▶ **7.1.1**
iPhone版公式アプリの基本画面

　iPhone版公式アプリの基本画面は次のようになっています。

●iPhone版公式アプリの基本画面

▶▶▶ 7.1.2
ノートの操作

　基本画面で「ノート」の見出しをタップするとノート一覧画面へ移ります。その右下にある［…］をタップすると、並べ替えや表示オプションを指定できます。

●ノート一覧画面

　ノートの見出しをタップすると、個別のノートの内容を表示します。「i」をタップするとノート情報の画面へ移ります。右下の［…］をタップすると、ノートに対する操作を行えます。

●ノート詳細画面

ノートの内容が長いときは上下へスワイプして表示をスクロールします。ノートの内容を編集するには、内容部分をタップします。内容を確定して保存するには、キーボードをしまうか、ノート一覧画面へ戻ります。

●ノート内容編集画面

キーボードをしまう

内容を追加

装飾を追加

> 💡 **TIPS**
>
> ノート一覧や内容表示の画面にも、新しいノートを作成する「＋」マークがあることに注意してください。既存のノートを参照している間に新しいノートを取りたくなったときでも、基本画面へ戻る必要はありません。

7.1.3
ノートブックの操作

　基本画面で「ノートブック」の見出しをタップするとノートブック一覧画面へ移ります。ノートブックをタップして選ぶと、そこに収められているノート一覧が表示されます。

　ノートブックからノートの一覧へ移ったときは、ノートブックに対する設定ができます。なかでも重要なのは「オフラインでも使う」オプションです。これをオンにしたノートブックは、そのデータを端末内に保存するため、オフラインでもノートを読み書きできます。この機能は、プラスおよびプレミアムプランのみで利用できます。

●ノートブック一覧画面

ノートブックを選択

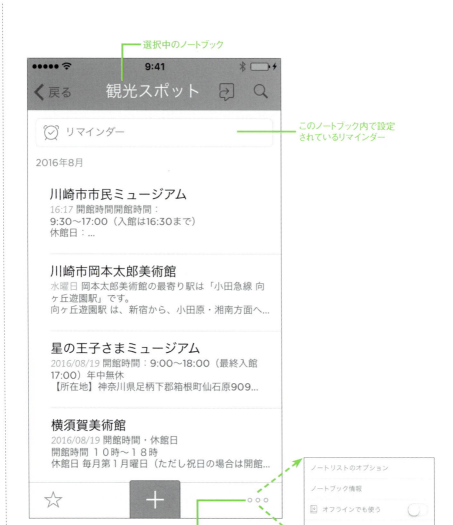

▶▶▶ 7.1.4
アプリの設定

　アプリの基本動作を変えたり、アカウント情報を参照するには、基本画面左上にある歯車のアイコンをタップして、「設定」画面を開きます。1か月間にアップロードできるデータ量の残りも、ここで確かめられます。

●「設定」画面

　なかでも重要なのは、画面表示や使い勝手に関連する「ホーム画面のカスタマイズ」と、アプリの動作に関連する「全般」です。

● 「設定」→「ホーム画面のカスタマイズ」

- **テーマカラー**：表示に使う色づかいを選びます。好みで選んでください。
- **項目**：基本画面に表示する項目と順序を選びます。たとえば「ワークチャット」が不要であれば、チェックをタップしてオフにします（「ワークチャット」は、ほかのユーザとノートを共有して会話する機能です）。
- **詳細を表示**：オンにした項目は、基本画面で最近の数件を表示します。一覧画面へ移ってから選ぶ手間を省くためのものですので、あまり使わない項目はオフにしてください。
- **同期状況を表示**：オンにすると、基本画面の左上に、最後の同期から経過した時間を表示します。通常はオフのままでかまいませんが、気になる方はオンにしてください。

【第7章】iPhone・iPadでノートを取ろう
7-2 iPad版公式アプリの概略

Evernote Guidebook

iPad版公式アプリの基本操作を紹介します。
多くはiPhone版と共通ですので、
あわせてお読みください。

iPad版公式アプリの操作手順は、iPhone版とほとんど同じです。ただし、画面が広いぶんだけ、メニューをたどっていく手間が少なくなっています。

また、アプリの設定はiPhoneと共通ですので、7.1.4「アプリの設定」を参照してください。

▶▶▶ 7.2.1
iPad版公式アプリの基本画面

iPad版公式アプリの基本画面は次のようになっています。

●iPad版公式アプリの基本画面

操作が可能な明るく表示されている部分は、iPhone版公式アプリとほぼ同じです。画面が広いぶんだけ表示する項目の数も増えていますが、基本構成は共通です。

「ノート」の見出しをタップするとノート一覧を、「ノートブック」の見出しをタップするとノートブック一覧を表示します。基本画面へ戻るには、画面左上にあるEvernoteのゾウのアイコンをタップします。

● ノート一覧画面

●ノートブック一覧画面

状態によっては一部が暗く表示されますが、その部分をタップすると左から割り込まれている部分が隠されます。

▶▶▶ 7.2.2
ノートとノートブックの操作

ノート一覧の画面でいずれかのノートをタップすると、個別のノートの内容との分割表示になります。全画面表示と切り替えることもできます。内容表示部分の右上にあるアイコンは、表示幅に応じて変化します。表示しきれないアイコンは［…］をタップして呼び出します。

● ノート一覧と内容の分割表示

ノートの内容を全画面で表示

ノートの内容を隠す

リマインダーが設定されているノートの数（タップして表示）

一覧表示へ戻る

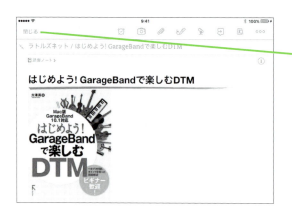

ノート一覧の右上にある［オプション］をタップすると、並べ替えの順序や、表示形式を指定できます。ノートブックに含まれるノートの一覧を表示しているときは、そのノートブックをオフラインで使うようにデータを端末内に保存する「オフラインでも使う」オプションが表示されます。

●ノートブックのオプション

タップしてオプションメニューを開く

●iPhone・iPad特有の手順

【第7章】iPhone・iPadでノートを取ろう

iPhone・iPad特有の手順

7-3

Evernote
Guidebook

iPhone・iPadでは、
通知センターやアプリ間の受け渡しに
特有の手順があります。

▶▶▶ **7.3.1**
通知センターからノートを取る

　スクリーン上端から引き出して使う「通知センター」から、指定した形式で新規ノートを作成できます。また、検索キーワードの入力欄へ移動できます。次の図は、通知センターに配置したEvernoteの画面です。

●通知センターからEvernoteを操作する

指定した形式でノートを作成

最近更新したノート
（タップしてノートを表示）

ノートを検索

通知センターに現れるボタンは、公式アプリ基本画面にあるものとよく似ていますが、［音声（の録音）］が［検索］になっています。
　通知センターからEvernoteを操作するには、最初に1度だけ設定が必要です。手順は次のとおりです。

Step 1 画面上端から下へ向かってスワイプし、「通知センター」を開きます。

Step 2 「今日」タブをクリックします。iOS 10の場合は、右へ一度スワイプします。

Step 3 上へ向かって何度かスワイプし、［編集］ボタンをタップします。iOS 10の場合は、［編集］ボタンは丸い形です。

Step 4 「Evernote」の左隣にある「＋」マークをタップします。

　「非表示」(iOS 10では「ウィジェットを追加」)の見出しの下にあるのは、通知センターで表示できるものの、現在非表示に設定されている機能です。上にあるのは、通知センターの「今日」タブで表示される項目と、その順序です。

Step **5** 「Evernote」の行の右端にあるマークを上下へドラッグして、通知センターに表示する順序を決めます。

上下へドラッグ

Step **6** 画面右上の「完了」をタップします。これで設定は終わりです。

　あとから設定を変えるには、再度［編集］ボタンをタップします。表示する順序を変えるには右端のマークを上下へドラッグ、Evernoteの項目を非表示にするには左隣の「－」マークをタップします。

> **COLUMN**
>
> ### 1つでも手順を減らすには通知センターがおすすめ
>
> 通知センターのボタンをタップしても、実は公式アプリへ切り替えて画面を移動するだけですが、1つでも手順を減らしたい方はぜひ活用してください。ホーム画面でEvernoteのアイコンを探してからタップするという通常の手順では、最初に基本画面が開くとはかぎりません。また、新規ノートを作成する[＋]アイコンはほとんどの画面にありますが、写真やリストを記録したいときはそれらの機能を呼び出す追加の操作が必要になります。
>
> 一方、通知センターから機能を呼び出す方法では、確実にその機能の画面へ移動するため、すぐに次の操作へ移れます。たとえば、別のアプリを開いているときでも、ホーム画面へ戻ってEvernoteのアイコンを探す必要がありません。写真やリストを含むノートの記録や、検索キーワードの入力をすぐに始められます。
>
> iOS 10では通知センターの表示が変わりましたが、操作する項目は同じですので読み替えてください。

▶▶▶ **7.3.2**
ほかのアプリからノートを取る設定

　ほかのアプリで表示している内容をEvernoteのノートとして記録するには、コピー&ペーストするほかに、各アプリのメニューから呼び出す方法があります。

　この方法を使うには、最初に1度だけ設定が必要です。この仕組みに対応するアプリであれば共通で設定されるため、アプリごとに設定する必要はありません。手順は次のとおりです。

Step 1 　いずれかのアプリを開きます。
ここでは例として「Safari」を使います。

Step 2 ツールバーにある、矢印が飛び出しているアイコンをタップします。ボタンの位置は、iPhoneでは画面下端の中央、iPadでは画面右上です。

　このアイコンは、表示中のデータをほかのアプリへ受け渡すなどの機能を呼び出すメニューを開きます（「アクションメニュー」「共有メニュー」と呼ばれることもあります）。Safari以外でも多くのアプリで使われます。一部のアプリでは［…］のアイコンが使われます。

Step 3 2段目を左へスワイプし、末尾の[その他]をタップします。

Step **4** 「アクティビティ」画面へ移ったら「Evernote」を探し、スイッチをタップしてオンにします。

Step 5 「Evernote」の行の右端にあるマークを上下へドラッグして、メニューに表示する順序を決めます。

上下へドラッグ

Step **6** 画面右上の［完了］をタップします。するとStep3の画面へ戻るので、右へスワイプして、指定した順序で表示されていることを確かめてください。これで設定は完了です。

　あとから設定を変えるには、再度2段目のメニューの末尾にある［その他］ボタンをタップします。表示する順序を変えるには右端のマークを上下へドラッグ、［Evernote］のボタンを非表示にするにはスイッチをタップしてオフにします。

▶▶▶ 7.3.3
ほかのアプリからノートを取る（基本）

準備ができたので、実際にノートを取ってみましょう。ここでは「Safari」を例にとりあげますが、ほとんどのアプリはここで紹介する手順がそのまま使えます。

前項から続けてノートを取るときは、以下の手順のStep2へ進んでください。別のページをノートに取るときは、一度［キャンセル］ボタンをタップして表示を閉じ、目的のページであらためて以下の手順を行ってください。

Step 1　「Safari」を使ってノートを取りたいページを開き、ツールバーにある、矢印が飛び出しているアイコンをタップします。

Step 2 メニューの2段目にある[Evernote]ボタンをタップします。

このメニューに表示される項目はアプリによって異なりますが、Evernoteへ保存できるものであれば、[Evernote]のボタンが表示されます。

Step 3 保存内容の一部を編集する画面が開きます。ノートの題名と追加コメント、保存先のノートブック、タグも指定できます。保存するには右上の［保存］をタップします。

コメントを追加してもよい

　ノートは端末内へ保存されます。保存を終えてもメッセージなどは表示されません。

Step 4 「Evernote」アプリへ切り替えて同期すると、いま保存したノートが現れます。

追加したコメント

 「Safari」からノートを作成する場合でも、Macの「Webクリッパー」のように、保存形式を選ぶことはできません。ただし、あらかじめ範囲を選択してから上の操作を行うと、その範囲だけが保存されます。範囲選択の操作はコピーと同じですが、コピーする必要はありません。

●範囲選択してからノートを作成する

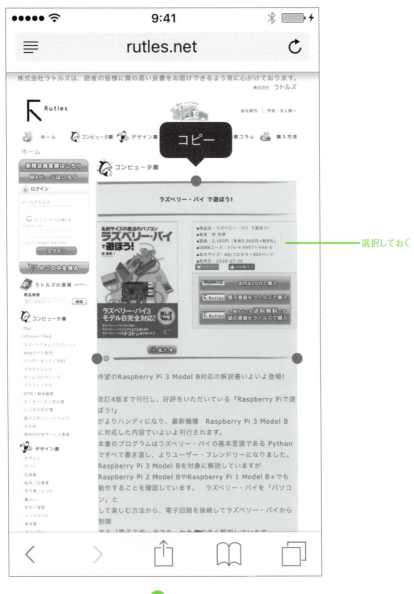

選択しておく

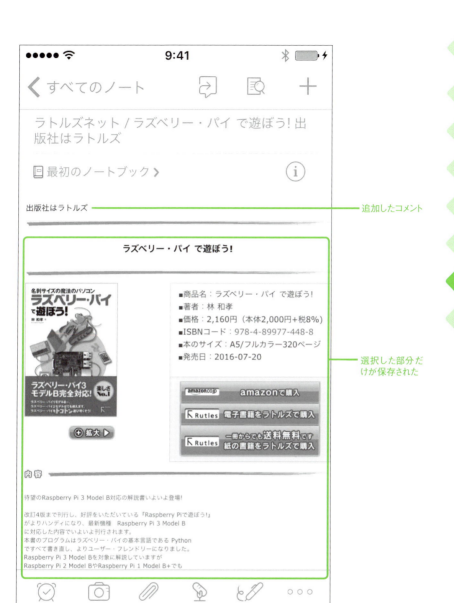

追加したコメント

選択した部分だけが保存された

  T I P S

Webページの内容をノートに保存するには7.4.4「切り抜きにEverClip」も参照してください。

▶▶▶ 7.3.4
ほかのアプリからノートを取る（応用）

　一度に複数のアイテムを選択できる「写真」や、いったんファイルを書き出す必要がある「Pages」を例に、ほかのアプリから直接Evernoteのノートを取る手順を紹介します。

　撮影済みの写真をノートへ収めるには、「写真」アプリから操作をします。基本的な手順は同じですが、複数の写真を1つのノートへ収めることもできます。

Step 1　「写真」アプリを開き、目的の写真を表示し、画面左下にある矢印が飛び出しているアイコンをタップします。

Step 2 写真の段を左右へスワイプし、同じノートへ収めたい写真をタップします。選択されている写真にはチェックマークがつきます。選択を終えたら［Evernote］のアイコンをタップします。

タップして選択しておく（チェックマークがつく）

　写真1点だけをノートに収めるときは、すでに選ばれているので、すぐに［Evernote］のアイコンをタップします

Step 3 ノートの題名や、保存先のノートブックを指定する画面へ移ります。保存を実行するには[保存]をタップします。

題名をつける

Step 4　「Evernote」へ切り替えてクラウドと同期し、1つのノートに選択した写真が収められていることを確かめてください。

 T I P S

連続していない写真を1つのノートに収めたいときは、あらかじめ「写真」アプリで目的の写真を「アルバム」としてまとめてから操作すると選びやすくなります。ほかにもさまざまな集め方があるので、iPhoneのヘルプなどで調べてください。

一部のアプリでは、「別のアプリで開く」という趣旨のメニューを選びます。次の図はワープロの「Pages」アプリの例です。

●「Pages」から書類を書き出してほかのアプリへ渡す手順

また、アプリによっては、受け渡し先のアプリを選択する表示で、［Evernote］と［Evernoteにコピー］の2つが現れることがあります。ノートを作る点ではどちらも同じですが、動作が異なる点に注意してください。

●「Evernote」のアイコンが2つ現れることがある

　前者選んだときはアプリを切り替えないため、現在のアプリを引き続き操作できます。後者を選ぶと、「Evernote」アプリへ切り替えるため元のアプリを引き続き使うためには、アプリを切り替える必要があります。

【第7章】iPhone・iPadでノートを取ろう
7-4 別売アプリを活用する

iPhone・iPadでは
単機能の別売アプリが
数多く発売されています。

iPhone・iPad用の公式アプリと併用することで、さらにEvernoteの使い勝手を良くする魅力的な別売アプリを紹介します。

COLUMN
iPhone・iPadで活躍する別売アプリ

MacでEvernoteを使うには、公式アプリと、Evernote社自身が配布する「Webクリッパー」があればほとんどの要望が満たせるでしょう。実際、Mac用の別売アプリはごくわずかです。

一方iPhone・iPad用としては、世界中の開発者がEvernote互換のアプリを開発していて、ユーザの人気を博しています。その理由として、iPhoneはMacよりもパーソナルな道具であり用途が明確なアプリが求められること、小さな画面を効率よく使うには単機能のアプリのほうが使いやすいこと、などがあげられるでしょう。

本書で紹介できるのはほんのわずかです。ほかにもたくさんのアプリが発売されているので、App Storeで探してみてください。

なお、購入を検討するときは、ユーザによるレビューのほかにも、最新バージョンの掲載日や更新頻度にも注意してください。なぜなら長期間更新されていないために現在のEvernoteの仕様に合わず、利用できないものもあるからです。

▶▶▶ 7.4.1
1日分のノートをまとめる PostEver

アプリ名：PostEver 2
開発者名：Atech inc.
価格：960円（iPhone・iPad両対応）

● 「PostEver 2」で作成して1日分をまとめたノートの例

「PostEver 2」は、内容をその場で書いて次々と送信していくと、1日分の内容を1つのノートにまとめてくれる、日誌作りに最適なノート書き込み専用アプリです。

文章や写真などの内容を送信すると、自動的にその時刻と位置情報を書き込むこともできます。利用例としては、旅行記、外回りの多いビジネスパーソンの業務日誌や、子供やペットの成長日誌などがあげられます。

出来事があるたびにノートを作成したり、1日分をあとでマージしてもよいのですが、あまりにノートの数が多くなるとあとの作業が面倒です。「PostEver 2」を使えば当日のノートに次々と追記されていくので、扱いがラクになります。

保存先のノートブックやタグをあらかじめ指定できるので、日誌専用のノートブックを作れば、ほかのノートに紛れてしまうおそれもありません。また、アプリ内で撮影する写真のサイズを小さくする、1日分のノートを切り替える時刻を指定するなど、さまざまな設定が行えます。

▶▶▶ 7.4.2
いますぐ書く FastEver

アプリ名：FastEver 2
開発者名：rakko entertainment
価格：480円（iPhone・iPad両対応）

● 「FastEver 2」のノート作成画面

　「FastEver 2」は、アプリを開いてすぐに内容を書き始められる、ノート作成専用アプリです。送信せずにアプリ内で下書きとして保持したり、オフライン時に複数のノートを書きためておき、オンラインになったらまとめて送信することもできます。

　新しいノートを作成するまでの手順が気にならないのであれば公式アプリでも十分ですが、書き込み先のノートブックやタグをあらかじめ設定できるので、公式アプリなどとは別に1本入れておき、使い分けると便利です。

7.4.3
手書きがテキストに 7notes

アプリ名：7notes SP
開発者名：MetaMoJi Corporation
価格：960円（iPhone・iPad両対応）

● 「7notes SP」

「7notes SP」は、手書き文字を認識してコンピュータのテキストへ変換するノート作成アプリです。Evernote専用アプリではありませんが、Evernoteのノートとして書き出す機能があります。

アプリ内の手書き文字認識システムには同社の「mazec」を採用し、比較的ラフに書いた文字もよく認識できます。かな漢字変換機能も内蔵するため、「会議」を「会ぎ」と書いても、文字認識すると同時に漢字へ変換できます。

手書き文字認識機能だけ利用できればよいのであれば、内蔵の日本語入力キー

ボードの代わりに利用できる、同社の日本語入力専用ソフト「mazec」(1,080円、iPhone・iPad両対応)を選ぶこともできます。「mazec」はどのアプリでも利用できるため、ほかのノート作成アプリと組み合わせて利用できます。ただし、かな漢字変換はその場で済ませる必要があります。

一方「7notes SP」では、文字認識と漢字変換を入力時には行わず、その場ではアプリ内部に手書き文字のまま保存しておき、あとからまとめて行うこともできます。急いで文章を書き留める必要がある場合でも、手書きでノートを取ることに専念できます。よいスタイラスとあわせて使うと、快適に使えるでしょう。

●文字認識とかな漢字変換はあとでまとめて行える

▶▶▶ **7.4.4**
切り抜きに EverClip

アプリ名：EverClip 2
開発者名：Ignition Soft Limited
価格：960円(iPhone・iPad両対応)

● 「EverClip 2」を使ってクリップした例

　「EverClip 2」は、内容を自分で書くのではなく、すでにあるものを切り抜いて（クリップして）ノートへ保存する、切り抜き専用アプリです。

　WebページのURLをコピーするか、「Safari」アプリでページを開き飛び出す矢印のメニューから呼び出すと、Webページ全体をクリップします。また、Webページの一部を選択してコピーすると、「EverClip 2」へ切り替えるだけでクリップできます（クリップボードの内容を使ってクリップします）。

　いずれの手順でも、まずアプリ内に下書きのノートを作り、複数の下書きを保管できます。内容を確認した上で、個別または一括でEvernoteへ保存できます。

　さらに、このアプリを使ってWebページをクリップすると、内容をそのままコピーするのではなく、主要部分ではないと認識された部分と、ある程度の文字装飾を自動的に削除するため、読みやすさの向上とデータの軽量化にも役立ちます。iPhone・iPadの公式アプリにはMac版の「Webクリッパー」の「簡易版の記事」にあたる機能がありませんが、その代用としてもよいでしょう。

　なお、Webページだけでなく、一般のアプリからコピーした内容もクリップできます。

▶▶▶ 7.4.5
検索から始める everPost

アプリ名：everPost
開発者名：Ryu Iwasaki
価格：360円（iPhoneのみ対応）

● 「everPost」

　「everPost」は、ノート検索専用のアプリです。アプリを開くとすぐにキーワードを入力し、検索を実行できます。検索履歴が自動的に残るので、何度も同じ条件で検索するときに便利です。定型の検索条件を作成・保存することもできます。

　また、検索結果の画面では、「タップ」「長押し」「左へスワイプ」など7種類の操作（ジェスチャー）のそれぞれに対し、「リマインダーを追加」「ノートブックを移動」「タグを追加」などの好みの操作を割り当てられます。

　iPhoneらしいタッチ操作を活用し、公式アプリよりも同じ操作を速やかに行えます。ノートが増えてきて、Evernoteの利用スタイルがある程度決まってきたときに利用するとよいでしょう。検索のほかに、未整理のノートを整理するにも役立ちます。

【第  章】

Evernote Guidebook

基本の一歩先へ

Evernoteの基本を学んだら、
その次におすすめしたい
便利な機能を紹介します。
たくさんあるので、
必要なものだけ読み進めてください。

【第8章】基本の一歩先へ

8-1 よく使うものへすぐアクセス

とくによく使う項目は
「ショートカット」へ登録すると
すばやく開けます。

▼ ▼ ▼ ▼ ▼ ▼

　とくによく使う項目を「ショートカット」へ登録すると、ショートカットの一覧から探してクリックするだけで、登録した項目をすぐに開くことができます。たとえば「未処理」のノートブックを登録すると、整理するたびにノートブックの一覧から探す手間が省けます。

　ショートカットは、Mac版の公式アプリでは、基本画面の左上に表示されます。iPhone・iPad版の公式アプリでは、いずれかの画面に表示される［☆］アイコンをタップしてメニューから選びます。

●Mac版公式アプリに登録されたショートカット

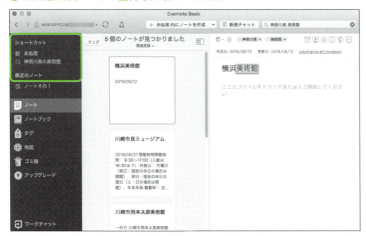

●iPhone版公式アプリでショートカット一覧を開く

　ショートカットは、ノートと同様に同期されます。つまり、いずれかの端末でショートカットへ登録すると、ほかの端末でもショートカットの一覧に現れます。

　ショートカットとして登録できる項目は、ノート、ノートブック、スタック、「保存された検索」です。「保存された検索」とは、検索条件の設定を保存したものです（機能の詳細とMac版での手順は6.4.3「検索の手間を減らす」を参照してください）。

　たとえば「tag:動物園（タグが「動物園」である）」という検索条件をショートカットへ登録すると、検索するたびに条件を入力したり、「保存された検索」の一覧から選ぶ必要がありません。また、そのショートカットを選ぶたびに検索するため、検索条件を保存したあとに作成したノートも検索対象になります。

　ただし、検索条件をショートカットへ登録するには、まず「保存された検索」として保存する必要があります。「保存された検索」を削除すると、そのショートカットも削除されます。

T I P S

iPhone・iPad版の公式アプリでは、ショートカットの見出しを基本画面に表示するように設定できます。これには、基本画面左上にある歯車アイコンをタップして「設定」画面へ移動し、「ホーム画面のカスタマイズ」をタップし、「項目：ショートカット」の左にあるチェックボックスをタップしてオンにしてください。

▶▶▶ 8.1.1
Macでの登録手順

　Mac版の公式アプリでノートまたはノートブックをショートカットへ登録するには、目的の項目をショートカットの領域へドラッグ&ドロップします。

●ノートまたはノートブックをショートカットへ登録する

登録された

　スタックをショートカットへ登録するには、サイドバーの［スタック］をクリックし、目的のスタックを［control］キーを押しながらクリックし、メニューから［ショートカットにスタックを追加］を選びます。

　「保存された検索」を登録するには、「ノートを検索」欄をクリックして「保存された検索」を表示し、目的の項目をショートカットの領域へドラッグ&ドロップします。

●「保存された検索」をショートカットへ登録する

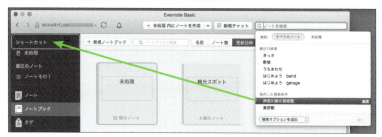

ショートカットへ登録した項目の順序を入れ替えるには、上下へドラッグします。

ショートカットを削除するには、項目がノート、ノートブック、「保存された検索」の場合は、ショートカットの領域から取り外すように外へドラッグ＆ドロップします。スタックの場合のみ、サイドバーの［スタック］をクリックし、目的のスタックを［control］キーを押しながらクリックし、メニューから［ショートカットからスタックを削除］を選びます。

▶▶▶ 8.1.2
iPhone・iPadでの登録手順

iPhone・iPad版の公式アプリでノートをショートカットへ登録するには、目的のノートを開き、［…］アイコンをタップして、メニューから「ショートカットに追加」を選びます。

●iPhone・iPadでノートをショートカットへ登録する

ノートブックを登録するには、目的のノートブックを開き、[…]アイコンをタップして、メニューから「ノートブック情報」を選び、「ショートカットに追加」オプションをオンにします。

　スタックを登録するには、基本画面で「ノートブック」の見出しを選んでノートブック一覧画面を開き、画面右上の[編集]をタップしてから、目的のスタックの行にある[i]アイコンをタップします。画面が移動したら、「ショートカットに追加」オプションをオンにします。

　「保存された検索」は、iPhone・iPad版の公式アプリではショートカットへ登録できません。Macで登録してください。

　登録済みのショートカットを削除するには、ショートカット一覧画面を開き、その項目を左へスワイプします。右端に[削除]が現れたらタップします。

●iPhone・iPadでショートカットを削除する

【第8章】基本の一歩先へ
iPhone・iPadの撮影機能

iPhone・iPad版には、書類を撮影しやすくする機能があります。

iPhone・iPad版の公式アプリの写真撮影機能では、通常の写真撮影以外にも、あわせて5種類の処理方法が自動的に選ばれます。また、撮影後に変更することもできます。

- **写真**：人物や風景など、文書以外の対象を撮影するときはこれを選びます。切り抜きや傾きの補正は行いません。
- **文書**：おもにモノクロ文書向けで、背景の切り抜き、傾きの補正などを行います。コントラストはきつめに強調されます。
- **カラー文書**：おもにカラー文書向けで、背景の切り抜き、傾きの補正などを行います。コントラストは強調されます。
- **ポスト・イット・ノート**：縦横75ミリのポスト・イットに対応していて、コントラストの改善、傾きの補正、複数のポスト・イット・ノートを一度に撮影して1つのEvernoteのノートにまとめるなどの処理を行います。
- **名刺**：背景を切り抜いた画像と、記載されたデータを認識して「連絡先」へ書き込める形式の本文を含めたノートを作成します。ただし、名刺管理専用アプリに比べると認識性能には難があるので、現状では過剰に期待しないほうがよいでしょう。

なかでも効果がわかりやすく使いやすいのは「文書」「カラー文書」でしょう。タップして選ぶとプレビューで確認できます。

撮影機能を使うには、写真を撮影するモードへ切り替えます。基本画面の［写真］をタップして新しいノートを作成するか、いずれかのノートの内容を表示してからカメラのアイコンをタップしても、どちらでも同じです。次の図は、公式アプリの写真撮影モードの画面です。

●写真撮影モードの画面

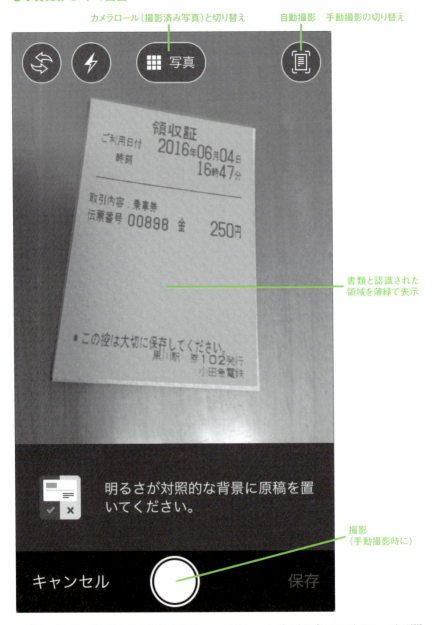

なお、最初に撮影するときはカメラへのアクセスの許可を求めるダイアログが開きます。アプリから撮影するには［OK］をタップしてください。

●カメラへのアクセスは許可する

　書類を撮影するときは、紙の輪郭を区別しやすい背景に置いてください。白い紙を白い机に置くと、輪郭が認識されにくくなります。身近なバッグやマウスパッドでもかまわないので、工夫してみてください。

　画像のひずみを補正できるので、書類をカメラの正面に置く必要はありません。むしろやや斜めのほうが、室内照明の反射をおさえられる場合があります。

　書類として認識されると、自動的に撮影されます。シャッターを押す必要はありません。自動的に撮影したくない（手作業で撮影したい）ときは、自動モードをオフにしてください。

　撮影された画像は画面下端に並びます。一度に複数の写真を撮影すると、それらは1つのノートにまとめられます。ノートを改めたいときは、いったん後述の手順で保存してください。

●撮影済みの写真は画面下端に並ぶ

　撮影した画像や、自動認識されたモードを確認したり切り替えたりするには、それぞれの写真をタップします。たとえば次の図では、文書として認識されたことから、書類サイズで切り抜かれ、傾きが補正され、コントラストが強調されています。

●文書モード（左）と写真モード（右）の比較

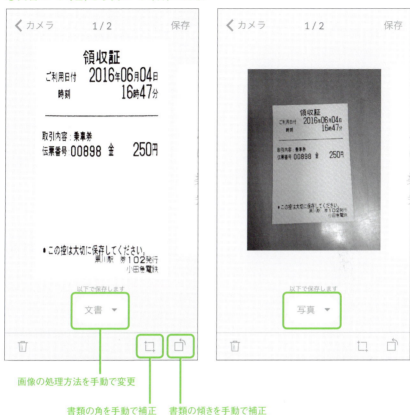

モードを切り替えるには、「以下で保存します」の下にある設定名をタップします。また、書類の角が期待通りに認識されないときは、手作業で調節できます。必ず期待通りに認識されるとは限らないので、保存する前に必ず確認してください。

●処理モードや角の位置を調節できる

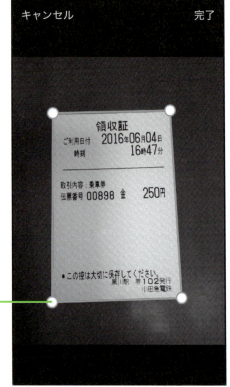

角をドラッグして領域を調節

 T I P S

その場で撮影するのではなく、内蔵カメラなどですでに撮影した、カメラロールにある写真を使うこともできます。これには、写真撮影の画面へ移ったあとに、画面上部にある[写真]をタップします。この機能を使うと、撮影だけ先にまとめて行い、あとから画像処理やノートへの登録を行うこともできます。

【第8章】基本の一歩先へ
8-3 ノート本文の語句にパスワードを設定する

のぞき見をされたくない語句には
パスワードを
かけられます。

ノート本文の特定の語句、またはすべてに対して、パスフレーズ（パスワード）を掛けて暗号化することができます。もしもノートを他人に読まれても、暗号化した範囲を読むにはパスワードを入力する必要があります。

ただし、暗号化するにはMacで操作する必要があります。iPhone・iPadでは、暗号化を行うことはできません。暗号化を解除して内容を参照する操作は、iPhone・iPadでもできます。

TIPS

端末とクラウドの間の通信は、すべて暗号化されています。しかし端末でののぞき見を防ぐには、このような対策が効果的です。なお、iPhone・iPadではアプリ自身にもパスコードロックをかけられます。手順は本節末尾のTIPSを参照してください。

COLUMN

添付ファイルは暗号化できる？

Evernote公式アプリでは、添付するファイルを暗号化することはできません。その形式のファイルを参照・編集するアプリケーションの暗号化機能を使ってください。

PDFの場合は、Mac付属の「プレビュー」アプリで暗号化できます。ファイルを保存するダイアログで「暗号化」オプションをチェックして、自分で決めたパスワードを入力してから保存してください。暗号化を解除して内容を参照するだけなら、Mac、iPhone・iPadともに公式アプリだけで行えます。ただし、注釈を書き込むことはできません。

●Macの「プレビュー」で暗号化したPDFを、Evernote公式アプリで参照できる

▶▶▶ 8.3.1
Macで暗号化する

Macで語句を暗号化する手順は次のとおりです。

Step 1 ノートを開き、暗号化したい範囲を選択します。

ノートの内容すべてを暗号化したいときは、本文すべてを選択してください。

Step 2 ［control］キーを押しながらクリックし、メニューが開いたら
［選択したテキストを暗号化...］を選びます。

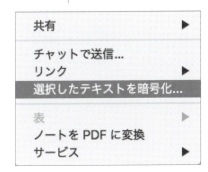

Step 3 「ノートの暗号化」ダイアログが開いたら、表示に従って入力し、
［OK］ボタンをクリックします。

　上の2つの入力欄には、確認のために同じパスフレーズを入力します。3つめの入力欄は自分のためのヒントですので、パスフレーズを忘れない自信があれば入力しなくてもかまいません。なお、ヒントは登録したまま表示されるため、パスフレーズそのものを入力しないでください。

Step 4　パスフレーズが登録されて、選択した範囲が暗号化されたことを確かめてください。

　暗号化するたびに、同じ手順でパスフレーズを入力してください。このとき、同じパスフレーズを使うことを強くおすすめします。

　Evernoteでは、暗号化する個所ごとに異なるパスフレーズを使うことができます。しかし、複数のパスフレーズを使い分けることは現実的ではないでしょう。もしも正しいパスフレーズを忘れてしまっても、暗号化を解除する方法はほかにはありません。

　すでに使用したものと異なるパスフレーズを入力すると、次の図のようなダイアログを表示して、本当に新しい別のパスフレーズを使ってよいかをたずねられます。

●すでに使用したものと同じパスフレーズをすすめるダイアログ

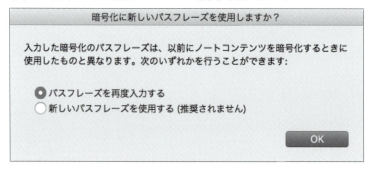

　暗号化を解除して通常の本文へ戻すには、その語句をクリックし、メニューが開いたら［テキストの暗号化を完全に解除…］を選びます。

> **TIPS**
>
> 目的が明確で、忘れない自信があれば、複数のパスフレーズを使い分けてもよいでしょう。たとえば、仕事用と私用の2つのパスフレーズをノートブックごとに使い分けるようなケースです。

▶▶▶ 8.3.2
Macで暗号化を解除する

暗号化した語句をMacで参照する手順は次のとおりです。

Step 1 参照したい語句をクリックします。メニューが開いたら、[暗号化されたテキストを表示...]を選びます。

Step 2 パスフレーズをたずねられるので、入力して[OK]ボタンをクリックします。

「Evernoteを終了するまでパスフレーズを記憶する」オプションは、必要に応じて変更してください。オンにすると、アプリを終了するまでの間に繰り返し入力する手間がなくなります。ただし、アプリを終了せずに(またはMacをロックせずに)Macの前を離れてしまうと、暗号化した語句も含めて他人に読まれてしまうおそれがあります。

Step 3　暗号化が解除されたことを確かめてください。

通常の文章と同様に、コピーもできます。

▶▶▶ 8.3.3
iPhone・iPadで暗号化を解除する

暗号化した語句をiPhone・iPadで参照する手順は次のとおりです。

Step 1　参照したい語句をタップします。

タップ

Step 2 「ノートの暗号化を解除」画面が開いたら、パスフレーズを入力し、画面右上の[完了]をタップします。

Step 3 暗号化が解除されたことを確かめてください。

別の画面へ移ると、再びロックされます。

 T I P S

iPhone・iPadでののぞき見を防ぐという点では、アプリ自身へのパスコードロック機能も活用してください。公式アプリの設定画面を開き、[全般]→[パスコードロック]→[パスコードをオンにする]の順にタップし、表示に従ってパスコードを登録すると、アプリを開く(あるいは、ホームボタンの2度押しなどで切り替える)たびにパスコードをたずねるようになります。指紋認証(Touch ID)を使ってロックを解除することもできるので、対応機種であればそれほど手間ではないでしょう。

● 画像やPDFに注釈を描き込む

8-4

Evernote Guidebook

【第8章】基本の一歩先へ
画像やPDFに注釈を描き込む

画像やPDFに
コメントを描き込むことが
できます。

　添付した画像ファイルやPDFには、ほかのアプリを使わず、公式アプリのみで注釈を描き込むことができます。自分用の覚え書きや、ほかのユーザと共有したノートにコメントをつけるときなどに役立ちます。

　ファイル形式などによって画面表示や利用できるツールは少し異なりますが、大半の機能やそのアイコンは共通です。この機能は、Mac版と、iPhone・iPad版の両方で利用できます。ただし、PDFへの書き込みには、プレミアムプランの契約が必要です。

▶▶▶ 8.4.1
Macで注釈を描き込む

　Mac版の公式アプリで注釈描き込み機能を呼び出すには、目的の画像やPDFが含まれるノートを開き、「a」を丸で囲ったアイコンをクリックして、描き込みたい画像を選びます。ファイルのプレビューの右上にあるアイコンがあるときは、それをクリックしてもかまいません。

●Mac版の公式アプリで注釈描き込み機能を呼び出す

まず注釈機能を呼び出して

次に画像をクリック

注釈を描き込むウインドウが開いたら、左側にあるツールを使って描き込みます。描き込みを終えるにはウインドウを閉じます。

● Mac版の公式アプリで注釈描き込み機能を使う

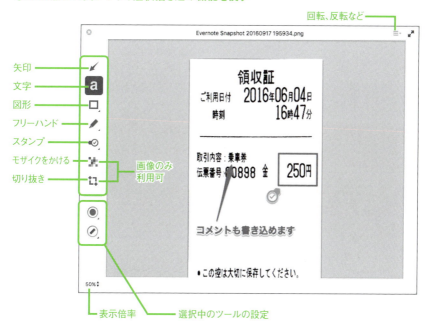

> **TIPS**
>
> [control]キーを押しながら目的の画像やPDFをクリックし、メニューが開いたら[この画像に描き込み...]を選んでも描き込みを行えます。このメニューには[この画像のコピーに描き込み...]というメニューがありますが、これを選ぶと、この画像を含む新しいノートを作り、その画像に対して描き込みを行います。ただし、そのノートの題名は「無題」になるので注意してください。期待通り描き込めたことを確認したら、元のノートとマージするなどして整理するほうがよいでしょう。

▶▶▶ 8.4.2
iPhone・iPadで注釈を描き込む

　iPhone・iPad版の公式アプリで注釈描き込み機能を呼び出すには、目的の画像やPDFが含まれるノートを開き、さらにそれをタップして全面表示にしてから、「a」を丸で囲ったアイコンをタップします。

●iPhone・iPad版の公式アプリで注釈描き込み機能を呼び出す

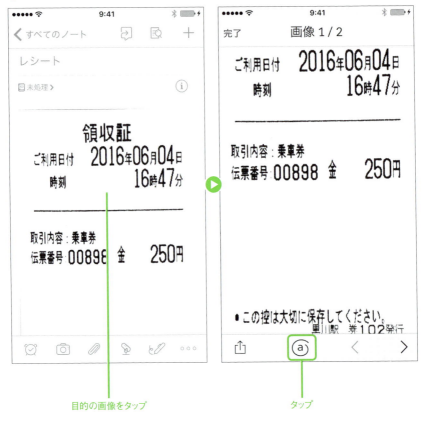

　Macに比べると画面が狭いため、ツールは画面の右下、ツールの設定は左下にしまわれています。切り替えるには、それぞれのアイコンをタップして選択します。描き込みを終えるには画面右上の［保存］をタップします。

●iPhone・iPad版の公式アプリで注釈描き込み機能を使う

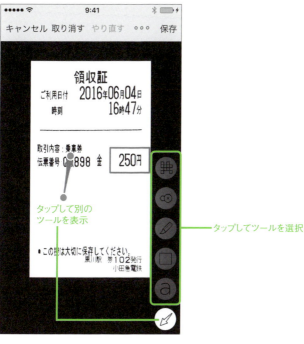
タップしてツールを選択

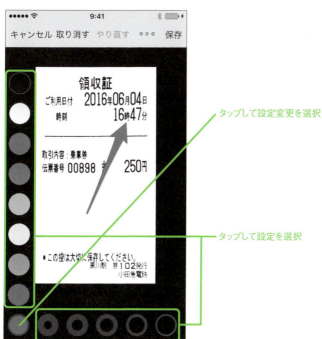
タップして設定変更を選択

タップして設定を選択

●画像やPDFに注釈を描き込む

―― 一部のツールではバリエーションも選択できる

【第8章】基本の一歩先へ

高画質でスキャンする

高画質で
書類をスキャンするには、
スキャナが最適です。

　紙の書類をEvernoteへ取り込む方法にはいくつかあります。iPhone・iPadの内蔵カメラによる撮影は、何よりも手軽ですし、手ぶれさえ注意すれば十分に実用的です。ただし、確実に高画質で書類を取り込むには、スキャナを使うほうが理想的です。

　1枚ずつ取り込めばよいときや、書類が少ないときは、広く使われているプリンタ複合機のスキャナが使えます。Evernoteに対応する製品には、各メーカーが提供するMac用またはiPhone・iPad用のスキャナアプリを使うもの、機器本体で直接送信できるものなどがありますが、詳細は各製品の説明書などで調べてください。

　Evernoteに対応しない製品でも、スキャン専用アプリで画像として保存し、Evernote公式アプリへ受け渡しすればノートへ保存できます。ただし、点数が多いときは手順が面倒になるので、よく使う場合は買い換えを検討してもよいでしょう。

　大量の書類をすばやく高画質で取り込むには、ドキュメントスキャナと呼ばれるジャンルの製品が最適です。PFU、キヤノン、エプソンなどから発売されています。

　ここでは、ドキュメントスキャナの中でも人気の高いPFU社製の「ScanSnap」シリーズを紹介します。製品紹介サイトでは、活用例や動作状態の動画など、多くの資料が掲載されています。

● 「カラーイメージスキャナ ScanSnap」（PFU）

http://scansnap.fujitsu.com/jp/product/

　ScanSnapは目的別に数機種ありますが、なかでもWi-Fi対応する「iX500」と「iX100」は、MacとiPhone・iPadの両方で利用できます。「iX500」は、50枚までの書類を連続して両面スキャンできる据置用です。「iX100」は1枚ずつ手差しする製品で、片面スキャンですが、電池を内蔵しているので外出先でも利用できます。

　さらにこの2機種では「ScanSnap Cloud」という無料アプリで設定すると、端末を使わずにiX500またはiX100のみの操作で、Evernoteを含む各種クラウドサービスへ、書類の種類に応じて仕分けた上で、スキャン画像を保存できるようになります。詳細は公式サイトを参照してください。

● 「ScanSnap Cloud」（PFU）

http://www.pfu.fujitsu.com/imaging/scansnap-cloud/

●iPhone用のScanSnap公式アプリでスキャンした画像をEvernoteへ送るには、1点ずつメニューから操作する

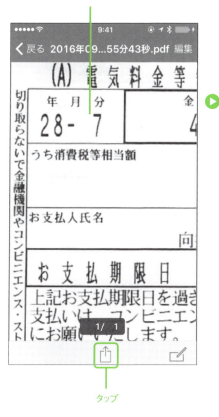

スキャン結果を確認

タップ

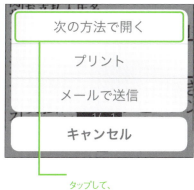

タップして、
次の画面でEvernoteを選択

【第8章】基本の一歩先へ
8-6 自動的にノートを作成する

ほかのWebサービスなどを連携させて、
自動的にノートを
作ることができます。

　Evernote以外のWebサービスなどで特定の操作をすると、自動的にEvernoteのノートを作る（あるいは内容を追加する）ように設定することができます。たとえば、Gmailでスターをつけると、その件名やメールのURLを自動的にEvernoteのノートへ登録することができます。つまり、複数のサービスを連携させることで、Evernote側の操作を省略できます。

　ほかにも、iPhoneアプリでボタンをタップする、Twitterでツイートをお気に入りに登録する、Facebookで写真付きの投稿をする、食べログで指定条件に合う店を検索するなどの操作で、Evernoteのノートを操作できます。

　このような連携サービスにはいくつかありますが、ここではYahoo! JAPANが提供する「myThings」を紹介します。無料で利用できますが、iPhone用のアプリと、Yahoo! JAPAN IDが必要です。これはEvernoteと連携するサービスであり、Evernote社自身が提供しているものではありません。

● 「myThings」（Yahoo! Japan）

　https://mythings.yahoo.co.jp

　iPhone用のアプリをインストールしたら、「どのような操作をしたときに」「どのような操作を行う」という流れ作業の設定を作ります。myThingsではこれを「組み合わせ」と呼びます。組み合わせを使って作業を実行するには、対応するサービスにあらかじめサインインしてmyThingsとの連携を許可する必要があります。

●myThingsの「組み合わせ」作成画面

　画面の表示に従って希望の作業を選んでいくだけで「組み合わせ」が作れます。一度作成すれば自動的に実行されるため、ノートを作り忘れるおそれがありません（ただし、何らかの理由によって実行できずエラーになる場合もあります）。なお、Evernote以外にも数多くのWebサービスにも対応しています。

>
>
> 英語に抵抗がない場合は、同種の先行サービスである「IFTTT」（https://ifttt.com）もおすすめします。IFTTTでは作業の流れを「レシピ」と呼びます。より多くのWebサービスなどに対応していますし、ほかのユーザが作成した膨大な「レシピ」が公開されています。

【第8章】基本の一歩先へ
8-7 他のユーザにノートを見てもらう

ノートまたはノートブックを
ほかのユーザと
共有できます。

▼ ▼ ▼ ▼ ▼ ▼

　ノートまたはノートブックをほかのユーザと共有して、他人に最新の内容を見てもらったり、ノートにコメントを書き込んでもらうことができます。共有する相手は複数でもかまいません。

　共有機能を使うときは、「共有する対象がどれであるか」、「共有する相手が誰であるか」、この2点によく注意してください。設定を間違えると、思わぬ内容を意図しない相手に公開してしまうことになります。

　ノートとノートブックのどちらも、1つずつ共有できます。ただし、ノートごとの共有は管理しづらいので、ノートブックごとに共有することをおすすめします。

▶▶▶ 8.7.1
「共有」と「公開リンク」の違い

　共有とよく似た機能に、「公開リンク」があります。多くの場合、両者はメニューの近いところにあるので、機能の違いに注意してください。

　「共有」は、相手を指定して共有する機能で、相手もEvernoteユーザである必要があります。

　一方「公開リンク」は、相手を指定せずに共有（公開）するもので、相手がEvernoteユーザであったり、アプリをインストールしている必要はありません。URLにはランダムな文字列が使われますが、URLさえ知っていれば、誰でも参照できます。

　また、「公開リンク」に使われるURLを含めたメッセージを、SNSなどで一般向けに公開した場合、検索サービスによって登録され、ノートの内容から思わぬ相手に検索される可能性があります。URLを知らせた相手が、不特定多数が閲覧できる場所にURLを掲載した場合も同じです。

なお、共有する相手を指定するにはメールアドレスを使います。これには「連絡先」アプリのデータを利用できるので、相手を登録済みであれば名前で指定することもできます。Evernoteアプリが「連絡先」へアクセスする許可をしていないときは、次の手順で修正できます（許可しなくても、メールアドレスを直接入力して相手を指定できます）。

　Macの場合は、Appleメニューから［システム環境設定...］を選び、「セキュリティとプライバシー」をクリックします。「プライバシー」タブをクリックし、左列の「連絡先」をクリックし、右列の「Evernote.app」のチェックをオンにします。

●Evernoteアプリから「連絡先」へのアクセスを許可する

iPhone・iPadの場合は、「設定」アプリを開き、［プライバシー］→［連絡先］→［Evernote］をオンにします。

▶▶▶ 8.7.2
Macでノートを共有する

　Mac版の公式アプリを使って、特定の相手とノートを共有する手順を紹介します。共有をやめる手順は次項で紹介します。基本的なしくみも本節と次節で紹介するので、ノートブックを共有する場合や、iPhone・iPadを使う場合も最初にお読みください。

Step 1 目的のノートを表示し、右上にある［共有］ボタンをクリックするか、その右端にあるマークをクリックしてから［ノートを共有...］を選びます。

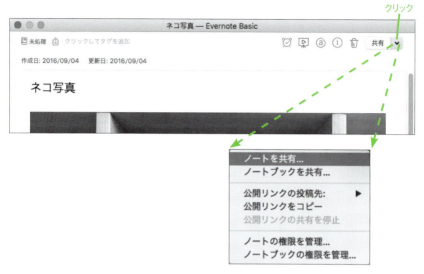

［共有］ボタンは、表示形式によっては次の図のような「ワークチャット」のアイコンで示されることがあります。この場合は、アイコンをクリックするとメニューが開きます。

なお、共有関連の操作は［ノート］メニューの［ノートを共有...］または［その他の共有］サブメニュー以下から行うこともできます。

Step 2 「ノートを共有」ダイアログが開くので、表示に従って入力してから[共有]ボタンをクリックします。

[編集・招待が可能]と表示されているボタンをクリックすると、相手に許可する権限を設定できます。「閲覧」は内容を参照するだけ、「編集」は内容の書き換え、「招待」は相手にほかのユーザを招待することを認めるものです。必要に応じて変更してください。

招待するとメールを送信するため、相手を指定するにはメールアドレスを入力します。ただし、相手がEvernoteアカウントに使っているアドレスである必要はありません。Aというアドレスで招待メールを受け取って、BというアドレスでEvernoteへサインインすることもできます。

Step 3 [共有]ボタンをクリックすると、すぐに相手へ招待メールが送られます。次の図は、相手へ送られたメールの例です。

相手のEvernote公式アプリにも、ノートが共有されたことが通知機能で案内されます。

Step 4　共有機能を使うと、やりとりしたメッセージが「ワークチャット」として残ります。

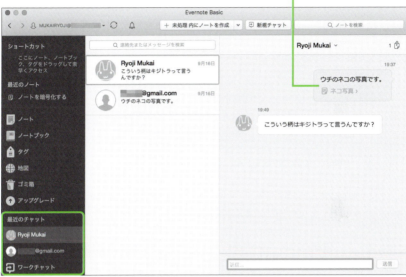

クリックして共有した項目を表示

　ワークチャットを参照するには、基本画面のサイドバーにある［ワークチャット］をクリックします。共有の操作を行わなくても、この画面からメッセージの送信だけを行うことができます。

　なお、ワークチャットに未読のメッセージがあると、Dockに現れるアプリのアイコンに件数が表示されます。

> **TIPS**
>
> 公式アプリの「ワークチャット」の利点は、共有した項目へのリンクが含まれるため参照しやすいことです。SkypeやLINE、Facebookメッセージなど、短いメッセージをやり取りするアプリは多数ありますが、共有する項目が増えてきたらワークチャットも試してみるとよいでしょう。

同じノートをさらにほかのユーザと共有するには、同じ手順を繰り返します。

共有しているノートには、共有していることを示す文章が表示されます。なお、ほかのユーザを招待しても、相手が参加していなければ数えられません。

●共有状態はノートの先頭に表示される

▶▶▶ 8.7.3
Macでノート共有をやめる、権限を変更する

ノートの共有をやめる、または、共有する相手に許可する権限を変える手順は次のとおりです。

Step 1 目的のノートを表示し、右上にある[共有]ボタンの右端にあるマークをクリックしてメニューを開き、
[ノートの権限を管理...]を選びます。

Step 2 ダイアログが開きます。共有をやめるには、その相手の欄の右端にある×マークをクリックします。権限を変えるには、メニューをクリックして選びます。いずれも、操作を行うと確認画面が現れるので、表示に従って操作してください。

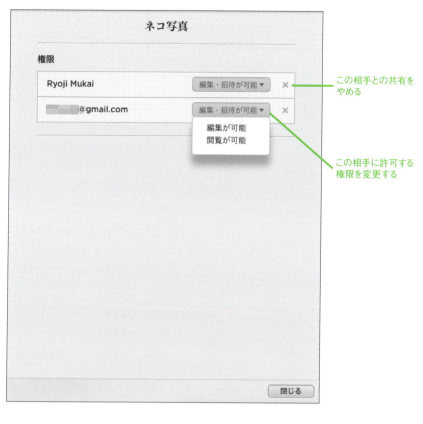

Step 3　すべての相手との共有をやめた場合は、権限を設定できないため、図のように表示されます。右下の[閉じる]ボタンをクリックしてダイアログを閉じます。

> 他のユーザにノートを見てもらう

> T I P S

共有しているノートの一覧を調べるには、「sharedate:*」というキーワードで検索してください。

▶▶▶ 8.7.4
Macでノートブックを共有する

　Mac版の公式アプリを使ってノートブックを共有するには、次のいずれかの手順を行います。

　1つめの方法は、目的のノートブックが含まれているいずれかのノートを選び、[ノート]メニューから[その他の共有]→[ノートブックを共有...]を選びます。このとき、ノートではなくノートブックを共有することを確かめるダイアログが開きます。

● ノートからノートブックの共有を行う

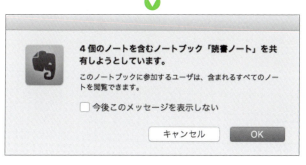

　もう1つの方法は、サイドバーの［ノートブック］をクリックしてノートブック一覧を開き、目的のノートブックにポインタ（マウスの矢印）を重ねたときに表示されるワークチャットのアイコンをクリックします。

●ノートブックを指定して共有を行う

どちらの場合も、次の図のようなダイアログが表示されます。「このノートブックの共有範囲」の項目を、「非公開」から「個別に共有」へ切り替え、下の入力欄へ共有したい相手のメールアドレスを入力します。

●ノートブックの共有相手と権限を設定する

設定を終えたら、右下の［完了］ボタンをクリックします。すると、すぐに相手へ招待のメールが送られます。

ノートブックの共有相手や権限を変更するには、同じ手順を繰り返して設定ダイアログを表示します。共有自体をやめるには「このノートブックの共有範囲」を「非公開」へ切り替えます。

　共有しているノートブックには、人のシルエットのアイコンがつきます。サイドバーの［ノートブック］をクリックしてノートブック一覧を表示するだけで区別できるので、共有はノートではなくノートブックごとに行うことをおすすめします。

●共有されているノートブック

▶▶▶ 8.7.5
iPhone・iPadでノートを共有する

　iPhone・iPadの公式アプリを使って、特定の相手とノートを共有する手順は次のとおりです。

Step 1 目的のノートを表示し、ワークチャットのアイコンをタップします。

　または、［…］をタップして、メニューが開いたら「共有」をタップし、ダイアログが開いたら3段目にある［ワークチャット］をタップします。

Step 2 「ノートを共有」画面へ移動します。

「宛先」欄に共有したい相手のメールアドレスを入力します。メッセージを送りたいときは「このノートを確認してください。」の欄に入力します。

権限を変更するには、ノートの題名の右隣にある丸いアイコンをタップして、メニューから選びます。

Step 3 入力を終えたら[送信]をタップします。

Step 4 共有した相手とやり取りしたメッセージは「ワークチャット」として残ります。

ワークチャットを参照するには、基本画面にある「ワークチャット」の見出しをタップしてから相手を選びます。メッセージの送信もこの画面から行えます。

なお、ワークチャットに未読のメッセージがあると、ホーム画面に現れるアプリのアイコンに件数が表示されます。

▶▶▶ 8.7.6
iPhone・iPadでノートの共有をやめる、権限を変更する

ノートの共有をやめる、または、共有する相手に許可する権限を変える手順は次のとおりです。

Step 1 目的のノートを表示し、右上にある「i」をタップします。

Step 2 「ノートの詳細」画面へ移ったら、「ノートの権限」をタップします。

Step 3 このノートを共有している相手が、権限ごとに表示されます。
目的の相手をタップするか、「全員に共有を停止」をタップします。

Step 4 1人ずつ選んだときは、権限を変更できます。
メニューをタップすると、すぐに適用されます。

8.7.7
iPhone・iPadでノートブックを共有する

　iPhone・iPad版の公式アプリを使ってノートブックを共有する手順は次のとおりです。

Step 1　基本画面で「ノートブック」の見出しをタップし、目的のノートブックを開き、ワークチャットのアイコンをタップします。

Step 2　「ノートブックを共有」画面へ移動します。

以降の手順は、ノートを共有するときと同じです。8.7.5「iPhone・iPadでノートを共有する」を参照してください。

　共有したノートブックには、ノートブック一覧画面で人のシルエットのアイコンがつきます。

●共有されているノートブック

▶▶▶ 8.7.8
iPhone・iPadでノートブックの共有をやめる、権限を変更する

　iPhone・iPadでノートブックの共有をやめる、または、共有する相手に許可する権限を変える手順は次のとおりです。

Step 1 基本画面で「ノートブック」の見出しをタップし、ノートブック一覧画面を開き、[編集]をタップします。

Step 2 目的のノートブックの行にある「i」をタップします。

Step 3 「ノートブックの権限」をタップします。

　以降の手順は、ノートの共有をやめる、権限を変更するときと同じです。8.7.6「iPhone・iPadでノートの共有をやめる、権限を変更する」を参照してください。

索引 | INDEX

数字

7notes…281

アルファベット

▶ A

App Store…19

▶ E

EverClip…282
Evernoteヘルパー…182
Evernoteを終了…23
everPost…284

▶ F

FastEver…280

▶ G

Googleドライブ…137

▶ I

iPad…33, 63, 242
iPad版公式アプリ…251
iPhone…24, 63, 76, 242

▶ M

myThings…312

▶ P

PostEver…279

▶ W

Web…36, 158
Webクリッパー…159

かな

▶ あ

アカウント…17
アカウント情報…44
アカウントを作成…30
アップグレード…49
アプリの設定…249
暗号化…298
暗号化を解除…301

▶ い

1日分のノートをまとめる…279
いますぐ書く…280
インライン…134

▶ お

オフライン…61
音声…123

▶ か

画像の内容を検索する…230
カラー文書…291

▶ き

行揃え…118
共有…314
切り抜きに…282

▶ く

クラウド…61

▶ け

検索…179, 229
検索オプションを追加…236

▶ さ

サイズ…105

索引 | INDEX

サイドバー…97
サイドリストビュー…101
撮影…127
サマリービュー…100, 102

▶ し

写真…127, 291
写真撮影機能…291
ショートカット…286
書式…104
書式を戻す…119
新規ノート…67, 79, 198
新規プライベートウインドウ…37

▶ す

水平線…118
スキャン…309
スタックでまとめる…208

▶ そ

装飾…107

▶ た

タグ…212
タグの名前を変える…218
タグを削除する…218
タグを使って検索する…221
タグを作る…214
タグをまとめる…219

▶ ち

チェックボックス…110
注釈…304

▶ つ

通知センターからノートを取る…256
ツールバー…96

▶ て

手書きがテキストに…281
テキスト…78
デフォルトのノートブック…201
添付…130

▶ と

トップリストビュー…101, 102
取消線…119

▶ の

ノート…57
ノートとノートブックの操作…253
ノートの一覧…98
ノートの情報を表示…143
ノートの操作…244
ノートの内容を検索する…239
ノートの目次を作る…226
ノートブック…58, 192
ノートブックの操作…247
ノートブックの名前を変える…204
ノートブックを共有する…322
ノートブックを切り替える…196
ノートを移動する…201
ノートを検索…72, 234
ノートを削除する…154
ノートを作成…198
ノートを1つに結合する…223

▶ は

パスワード…297

▶ ひ

表…113
標準テキストにする…120

索引 | INDEX

▶ ふ
ファイル…130
フォント…105
プラス…42
プランを切り替える…48
プレミアム…42
文書…291

▶ へ
ベーシック…41
別売アプリ…278
ヘルパー…182

▶ ほ
ほかのアプリからノートを取る…266
ほかのアプリからノートを取る(応用)…272
ほかのアプリからノートを取る設定…260
ポスト・イット・ノート…291

▶ め
名刺…291
メール…187

▶ り
リスト…108
リマインダー…146
利用できる端末台数…46
リンク…117

▶ ろ
ログアウト…40
録音…123

Mac、iPhone、iPadユーザーのための これだけでかなりEvernoteが使える本

2016年11月30日　初版第1刷発行

- ●著者　　向井領治
- ●装丁　　VAriantDesign
- ●本文イラスト　まつばらあつし
- ●DTP　株式会社ルナテック、ピーチプレス株式会社
- ●企画・編集　ピーチプレス株式会社

- ●発行者　黒田庸夫
- ●発行所　株式会社ラトルズ
  〒115-0055　東京都北区赤羽西4丁目52番6号
- ●TEL　03-5901-0220(代表)　FAX　03-5901-0221
  http://www.rutles.net

- ●印刷　株式会社ルナテック

ISBN978-4-89977-449-5
Copyright ©2016 Ryoji Mukai
Printed in Japan

【お断り】
- ●本書の一部または全部を無断で複写複製することは、法律で認められた場合を除き、著作権の侵害となります。
- ●本書に関してご不明な点は、当社Webサイトの「ご質問・ご意見」ページ(https://www.rutles.net/contact/index.php)をご利用ください。　電話、ファックスでのお問い合わせには応じておりません。
- ●当社への一般的なお問い合わせは、info@rutles.netまたは上記の電話、ファックス番号までお願いいたします。
- ●本書内容については、間違いがないよう最善の努力を払って検証していますが、著者および発行者は、本書の利用によって生じたいかなる障害に対してもその責を負いませんので、あらかじめご了承ください。
- ●乱丁、落丁の本が万一ありましたら、小社営業部宛にお送りください。送料小社負担にてお取り替えします。